Volcanologue

2^E^ ÉDITION

DU MÊME AUTEUR

Livres

Volcans et magmas, Le Rocher, 1986
L'homme et… les volcans, Le Léopard d'or, Muséum de Lyon, ARPPAM Lyon, 1991
Enseigner la géologie au collège et au lycée (en collaboration), Nathan, 1992
Explorons… Volcans et tremblements de terre, Rouge et or, Nathan, 1993
Volcans, Armand Colin, 1993
Volcans et séismes, Hachette, 1995 (traduit en taïwanais et en chinois)
Réussir le capes et l'agrégation des sciences de la vie et de la Terre (avec J.-P. Dubacq et J.-C. Baehr), 2e édition, Masson, 1998 (1ère édition, 1995)
Le Quaternaire. Géologie et milieux naturels (en collaboration, sous la direction de J. Riser), Dunod, 1999 (traduit en anglais)
Vocation volcanologue, Delachaux et Niestlé, 2000
L'ABCdaire des Volcans. Flammarion, 2001 (traduit en italien)
Le volcanisme, Cause de mort et source de vie (en collaboration, sous la direction de P. de Wever), Vuibert, Muséum National d'Histoire Naturelle, 2003
Connaître et découvrir les volcans, 2e édition, Minerva, 2004 (1ère édition, Liber, 1997)
Volcans (avec O. Grunewald), Le Chêne, 2007 (traduit en allemand et en russe)
Volcanologue. De la passion à la vocation, Vuibert, 2009
Le volcan se réveille (illustrations A. Dufour), Le Pommier, 2012 (traduit en arabe)
Litchi dans l'espace (illustrations B. Delaporte), Le Pommier, 2013 (traduit en arabe)
Les volcans et leurs éruptions (illustrations B. Strickler), Coll. Les Minipommes, Le Pommier, 2013 (1ère édition, 2010, traduit en coréen et en chinois)
Pour les nuls présente Les volcans (illustrations F. Grégoire et S. Frécon), Gründ, 2014
Tout savoir sur les Volcans du monde, séismes et tsunamis, 2e édition, Orphie, 2015 (1ère édition, 2010)
À la découverte des volcans d'Auvergne (illustrations Tomtom), 2e édition, La vache qui lit, 2017 (1ère édition, 2015)
Volcanologie, 6e édition, Dunod, 2021 (traduit en allemand, et en américain avec A.R. McBirney) (1ère édition, Masson, 1991, 2e édition, Dunod, 1998, 3e édition, Dunod, 2006, 4e édition, Dunod, 2011, 5e édition, Dunod, 2016)
Les volcans, « Mille et un docs », mercileslivres, Miscellane, 2024

Pages web

Blog « Volcanmania » : http://blogs.futura-sciences.com/bardintzeff/
https://www.geops.universite-paris-saclay.fr/user/jacques-marie.bardintzeff/
https://fr.wikipedia.org/wiki/Jacques-Marie_Bardintzeff
www.futura-sciences.com/fr/scientifique/t/terre/d/bardintzeff_80/
http://44.svt.free.fr/jpg/bardintzeff.htm
www.lave-volcans.com/bardintzeff.html

PHOTOGRAPHIES : © Jacques-Marie Bardintzeff – sauf mention contraire –

EN COUVERTURE :
En photo de fond : L'éruption de Fagradalsfjall / Geldingadalir en Islande, le 2 juin 2021 (© J.-M. Bardintzeff).
En insert : J.-M. Bardintzeff en Islande, pendant l'éruption de Fagradalsfjall / Geldingadalir, le 13 juin 2021 (© Sylvain Chermette).

4E DE COUVERTURE :
J.-M. Bardintzeff, pendant l'éruption de Fagradalsfjall / Geldingadalir en Islande, le 2 juin 2021 (© Alain L'Ecolier).

5-7, rue de l'École polytechnique - 75005 Paris
http://www.librairieharmattan.com
diffusion.harmattan@wanadoo.fr
harmattan1@wanadoo.fr
ISBN : 978-2-336-48955-1
EAN : 9782336489551

Jacques-Marie **BARDINTZEFF**
Volcanologue
Professeur émérite à l'Université Paris-Saclay

Volcanologue

2E ÉDITION

Préface de **Yann Arthus-Bertrand**

L'Harmattan

Sommaire

Préface

Yann Arthus-Bertrand

Les volcans font partie de l'écosystème. Ils ont joué un rôle important aux premiers temps de la Terre, contribuant à la formation de l'atmosphère et de l'hydrosphère (la mer et les océans) primitives. Aujourd'hui, ils entrent toujours régulièrement en éruption, sur tous les continents.

Jacques-Marie Bardintzeff les ausculte depuis plus de quarante ans ! Il a fait le tour du monde, pour prélever leurs laves ou leurs cendres, qu'il analyse ensuite en laboratoire.

Ensemble, dans le cadre de ma série télévisée « Vu du ciel », nous avons arpenté en 2010 les volcans italiens : le Vésuve, l'Etna, Vulcano, le Stromboli. J'ai apprécié son enthousiasme pour transmettre ses connaissances et aussi sa joie de vivre, son humour. En 2014, il a été notre conseiller scientifique sur l'éruption islandaise d'Holuhraun, dans le cadre de notre film « Terra » réalisé avec Michael Pitiot.

Dans son livre, écrit pour tous, en termes simples, Jacques-Marie explique sa passion dévorante pour la planète Terre, raconte ses premières découvertes lorsqu'il était enfant, décrit sa vie de science et d'aventure, sans en cacher les difficultés. Grâce aux encadrés scientifiques, le lecteur apprend, au fil des pages, la volcanologie sans s'en apercevoir. On comprend mieux pourquoi, grâce à des appareils performants, le volcanologue arrive à prévoir, de plus en plus précisément, les éruptions. L'auteur donne aussi des conseils judicieux pour l'orientation, qui devraient déclencher des vocations chez les plus jeunes.

Ce témoignage haletant, « sur le vif », intéressera tous les curieux de la nature.

Yann Arthus-Bertrand et Jacques-Marie Bardintzeff sur l'Etna le 27 juillet 2010, lors du tournage de l'émission « Vu du ciel ».

26 octobre 2016 : le soir tombe sur le Masaya, au Nicaragua, et son petit lac de lave commence à rougeoyer, alors qu'un sombre panache de gaz sort de l'édifice volcanique.

Avant-propos

Jacques-Marie Bardintzeff

Régulièrement, des jeunes, filles ou garçons, m'écrivent des lettres et des e-mails touchants, déjà passionnés, car ils rêvent de devenir plus tard volcanologues. Ils m'avouent cependant ne connaître que le côté médiatique, spectaculaire et fascinant d'une profession qui semble riche en voyages et en aventures. Ils veulent en savoir plus : en quoi consiste donc exactement ce métier ?

C'est pour eux que j'ai décidé d'écrire ce livre. J'y raconte comment j'ai été moi aussi enfant puis adolescent, avec mes passions de jeunesse et, surtout, ma vocation précoce de volcanologue. J'y retrace mes études, longues et ardues, qui m'ont permis d'exercer plus tard le métier original que j'ai choisi. J'y dépeins mes joies, sans masquer pour autant les difficultés. À ces jeunes, je propose de m'accompagner pour un tour du monde magmatique, de cônes fumants en cratères béants.

Je leur souhaite à tous de réaliser leurs rêves et de vivre leur vocation. Puisse ce livre les y aider.

Éruption fissurale à Holuhraun en Islande, en septembre 2014.

> Sachons fleurir là
> où l'on est planté.
>
> Frère Roger de Taizé

Châtelard (sur la gauche), une colline liasique sise à Brié-et-Angonnes, théâtre de mes premières recherches minéralogiques. Au fond à droite, Chamechaude enneigé, point culminant de la Chartreuse (2 082m), et, au premier plan, le jardin de mon grand-père au printemps.

CHAPITRE 1

Premières émotions minérales

Comme beaucoup de Grenoblois, je suis né à La Tronche. Cette petite ville, adjacente à la capitale des Alpes, compte en effet un hôpital et plusieurs maternités. Conscient sans doute que ma vie sera bien remplie pour découvrir le monde, je prends tout de suite trois semaines d'avance, qui me font d'entrée gagner un an, puisque je vois le jour le 30 décembre 1953.

Pour la petite histoire, on peut signaler que je suis natif du Capricorne un signe zodiacal de terre, amoureux de la précision (3,333 kg de poids de naissance), avec dans les veines 1/8e de sang russe et 7/8e de dauphinois.

Une petite sœur, Michèle, m'a suivi deux ans et demi après. Ma famille ressemblait à beaucoup d'autres familles françaises. Mon père travaillait dans un magasin d'optique et ma mère gérait la maison. Notre grande chance était la belle maison entourée d'un grand parc, que mes grands-parents maternels possédaient à la campagne, à Brié-et-Angonnes, sur la route Napoléon, à douze kilomètres au sud de Grenoble, à 500 mètres d'altitude. Nous nous y rendions les fins de semaines dès les beaux jours et y passions les vacances de Pâques puis les grandes vacances. J'ai ainsi grandi en partie en milieu rural auprès des animaux de la ferme. Avec la grande joie de garder les vaches, de faire les foins et de diriger la charrue tractée par une paire de bœufs de notre voisin, Léon Gerin. Ce dernier n'avait quitté son village qu'en une seule occasion, lors de la campagne militaire de Syrie. Il me racontait que du bateau il avait vu un volcan en éruption ! S'agissait-il du Stromboli ? De l'Etna ? Cette question ne fut jamais clairement tranchée.

Je ressentis ma première émotion « minérale » à l'âge de quatre ans… Avec mon père et mon parrain, nous étions partis à l'assaut de la modeste colline de Châtelard, véritable montagne à mes yeux de bambin, avec quelques rochers affleurants. En redescendant, je trouvai un beau cristal de calcite. Cette découverte fut véritablement un choc pour moi, et je crois bien que c'est ce jour là que je compris que j'allais consacrer ma vie à comprendre la planète Terre et à en découvrir ses merveilles minérales.

Septembre 1962, j'ai presque 9 ans. Avec ma sœur, mes parents et grands-parents maternels : trois générations en excursion dans le Valjouffrey.

Mes premières expériences de géologue remontent au début des belles années 1960. Il faut dire que, coup sur coup, mes grands-parents puis mes parents avaient acquis chacun une brave 2 CV, véritable double révolution familiale, puisque ces bolides atteignaient 80 km/h « plein pot »…

Mon grand-père maternel était un « personnage »: engagé volontaire à 17 ans dans la « Grande Guerre », celle de 14-18, blessé à quatre reprises, trompe-la-mort, décoré. Pilier du Club alpin français, le fameux C.A.F., il connaissait les Alpes comme sa poche, pouvait énumérer les sommets de n'importe quel panorama. Passionné de nature, il en avait une grande connaissance, plus particulièrement dans le domaine des fleurs et des champignons. Ma grand-mère avait également sa personnalité, auteur de plusieurs « premières » et « secondes » à ski dans les Alpes.

Tout naturellement, mon grand-père, désormais motorisé, organisa le dimanche des promenades pour nous faire découvrir notre région. Rapidement, ces randonnées prirent l'allure de véritables « expéditions ». Le déroulement en était parfaitement orchestré. Un point de rendez-vous était fixé, quelque part à la sortie de Grenoble. Toujours en avance, mon grand-père nous y attendait, béret sur la tête et piolet à la main, pronostiquant déjà un avis météo. Le cortège s'ébranlait. Papy et Mamy, dans leur 2 CV bleue, ouvraient la route. Parfois, mon parrain et ma tante y montaient également pour compléter l'équipée. La 2 CV grise suivait, avec mes parents, ma petite sœur et moi.

Le calendrier de ces sorties était rythmé par les dates présumées des floraisons des espèces végétales alpines. Celles-ci, bien sûr, varient d'une année sur l'autre, en fonction des précipitations, des températures hivernales et des phases de la Lune. Mon grand-père était passé maître dans l'art de prédire les dates optimales. On commençait avec les premières primevères (que l'on nomme « pipettes » dans le Dauphiné) et les perce-neige. Puis, fin mars - début avril, c'était au tour des dents-de-chien. Suivaient le muguet du 1er mai (jour de la Saint-Jacques à cette époque), les étonnantes fritillaires pintade, les tulipes sauvages. La Pentecôte voyait poindre les narcisses, les orchis, les ophrys qui miment des insectes et les fameux « sabots de la Vierge ». A l'automne, la forêt se parait de splendides dégradés de couleur tandis que les sorbiers des oiseleurs se couvraient de baies rouges.

Parfois, l'espèce espérée, mais éphémère, n'était pas encore, ou déjà plus, au rendez-vous ! Dépité, grand-père se taisait, se faisant discret sur le chemin du retour. Mais le plus souvent, la nature lui donnait bel et bien raison : les fleurs apparaissaient, superbes, avec leur corolle de couleur. Alors, il jubilait. Armé d'une pelle et d'un « piochon », il prélevait, avec parcimonie et un soin chirurgical, quelques pieds du spécimen tant recherché, pour les replanter ultérieurement dans son « jardin alpin », véritable petit coin de paradis. De notre côté, avec ma sœur, nous ramassions des fleurs des champs, qui, chaque lundi, se retrouvaient en un gros bouquet sur le bureau de notre institutrice. Au retour, mon grand-père triomphait, nous interrogeant toutes les cinq minutes : « Avouez que Papy vous emmène dans de bons coins ! ».

Rapidement, je fus promu, lors de ces promenades, au rang d'assistant-récolteur de mon grand-père. Je m'intéressais de plus en plus aux roches, minéraux et fossiles. Lui restait fidèle à ces plantes. Aussi on peut dire que nous nous étions en quelque sorte partagé le monde naturel : à lui le règne végétal, à moi le règne minéral. Nous menions ainsi deux activités parallèles et complémentaires, croisant parfois aussi, pour notre plus grand plaisir, quelques représentants du règne animal : hérissons, renards, biches...

Encouragé par ma famille, je commençai sérieusement une collection géologique. Ma marraine, professeur de sciences naturelles, m'offrit quelques beaux spécimens, tel un rognon de marcassite, sulfure de fer, dont le cœur révélait des fibres rayonnantes d'aspect métallique, brillant de mille feux. Une de mes tantes, de son côté, me rapporta du soufre de Vulcano. Et ma grand-mère m'avait offert mon premier véritable marteau de géologue. Pour enrichir ma collection débutante, je cherchais avec passion, et parfois trouvais, de nouveaux échantillons. Du col de l'Arc, je ramenais des oursins fossiles, de Notre-Dame de la Salette des rostres de bélemnites, du col de Papavet des ammonites pyriteuses, du Saint-Eynard des géodes de calcite, et d'Oisans des cristaux de quartz.

En ballade avec mon grand-père, entre Brié-et-Angonnes et Vizille. Je rapporte dans mon sac à dos une dalle de schiste pour son jardin ; lui, a récolté quelques plantes (20 juillet 1981).

ENCADRÉ 1

Comment faire une collection de roches, minéraux, fossiles ?

De nombreux jeunes désirent se constituer une telle collection, très bonne introduction à la géologie. Elle fournit l'occasion de randonnées à la découverte de sa propre région, puis d'autres. Avant toute chose, rappelons que pour des raisons de sécurité, il faut toujours se déplacer en groupe, en famille ou avec des amis. Pour les plus jeunes, l'idéal est d'être membre d'un club ou d'une association, afin de bénéficier de l'expérience des aînés. Pour que la randonnée se déroule dans de bonnes conditions, il est nécessaire de bien la préparer et, notamment, de prévoir de bonnes chaussures de marche, des tenues chaudes adaptées à l'altitude (veste polaire), des vêtements de pluie, des protections contre le soleil (chapeau, lunettes, crème solaire), un sac à dos, et, bien entendu, de quoi boire et manger. Pour se repérer sur le terrain, on pourra utiliser un GPS (par exemple celui de son téléphone mobile) mais ceci n'empêche pas de consulter aussi une carte routière ou topographique (car le réseau internet peut être indisponible), plus, si possible, une carte géologique.

Avant de commencer toute collecte, il faut, bien évidemment, connaître et respecter les règlements en vigueur, surtout au sein d'un parc naturel où il peut être interdit de prélever… Chaque échantillon sera soigneusement dégagé et emballé dans du papier journal pour le protéger. Il faut immédiatement le numéroter pour éviter les confusions en fin de journée, au moment de défaire son sac. De petits tubes ou boîtes sont pratiques pour les pièces fragiles, les sables ou les cendres volcaniques.

Il est important de prendre des notes dans un carnet : indiquer précisément la date, le lieu, les conditions d'affleurement (falaise, ravin, épaisseur de la couche de roche, etc.). Un petit schéma de localisation et une photo permettront de revenir plus facilement sur ce lieu, même des années plus tard. Il faut surtout bien distinguer, d'une part, les échantillons « en place », prélevés au marteau, et, d'autre part, les pierres isolées. On est certain de l'origine des premières au contraire de celle des secondes, qui ont pu être transportées sur des kilomètres par des cours d'eau, des anciens glaciers… Toutes ces indications feront la différence entre une véritable collection, à caractère scientifique, et un simple « ramassage ».

Une fois de retour, il vous restera à nettoyer vos échantillons, puis à les déterminer à l'aide de livres, de sites internet spécialisés ou des conseils d'un connaisseur. Il faudra ensuite ranger votre récolte et, si possible, présenter les plus beaux spécimens dans une vitrine.

Deux bombes volcaniques (d'une taille de 17 centimètres chacune). Celle de gauche, sciée, révèle un nodule de péridotite, constituée d'olivines vertes, fragment remonté du manteau profond.

Je me souviens aussi d'une promenade dans l'étonnant ravin des Demoiselles de Tavernolles avec mes grands-parents et ma sœur. Je découvre, à moitié recouvert de feuilles mortes, un crâne que j'identifie comme étant celui d'un sanglier. Anticipant une éventuelle réaction négative de ma mère, absente, ma grand-mère s'opposa formellement à ce que je l'emporte. Mais le soir, devant ma déception, mes parents ne firent pas d'objection majeure à ce que je ramène ma trouvaille. Si bien que le dimanche suivant, une deuxième expédition « renforcée » repartit à la recherche du crâne, qui fut retrouvé, emporté, puis nettoyé avec minutie et verni. Par la suite, pour enrichir ma collection de crânes, il m'arriva parfois de récupérer la tête du lapin prévu pour le repas… Je la faisais bouillir dans de l'eau additionnée d'un peu de Javel pour en éliminer les chairs et bien dégager le crâne.

Les « Sept merveilles du Dauphiné » revenaient souvent dans nos conversations. De même que sept merveilles du monde antique avaient été décrites par Hérodote, sept le furent dans notre belle région par différents auteurs, dès le Moyen Âge, comme des « ...choses singulières, lesquelles n'estoient semblables en nul lieu du monde ». Mais si les merveilles du monde sont l'œuvre de l'Homme, celles du Dauphiné correspondent chacune à une curiosité naturelle, souvent d'origine géologique. De plus, les Anciens leur conféraient des pouvoirs surnaturels. Inlassablement, mon grand-père et moi tentions d'en dresser la liste exacte. Mais comme dans le cas des trois mousquetaires, qui en fait étaient quatre, nous en trouvions toujours quelques unes de trop et notre total frisait allègrement la dizaine. Je me faisais alors fort de traquer ces merveilles une par une. Ces recherches constituaient, certes, un parcours géologique mais aussi une sorte de quête initiatique. J'étais à la fois attiré par le côté mystérieux de ces sites comme par leurs noms étonnants et désireux d'en comprendre l'explication scientifique.

Nous avons ainsi repéré la Pierre-Percée, arche rocheuse en cargneule dolomitique sculptée par l'érosion, d'une dizaine de mètres de hauteur. Perchée sur l'épaule du Crey, une colline herbeuse située au-dessus de la Motte-d'Aveillans, elle domine les quatre lacs de Laffrey, d'origine glaciaire. J'y effectuai mes premiers exercices de rappel avec une corde d'alpiniste. Au loin, on pouvait voir le fameux mont Aiguille, également nommé « Mont inaccessible », môle de calcaire urgonien en position avancé devant la forteresse du Vercors. Je ne le gravirais que l'année de mes vingt ans avec, pour redescendre, un rappel de quarante mètres. La Fontaine ardente, « La Font que brûle », sise dans un petit cours d'eau près de Vif, résulte d'émissions gazeuses naturelles (du méthane), qui crèvent la surface de la nappe d'eau et s'enflamment spontanément : les Anciens y voyaient une bouche de l'Enfer.

La Pierre-Percée, une des sept merveilles du Dauphiné (l'ouverture mesure 5,5 m de large et 3 m de haut).

Les cuves de Sassenage sont des grottes aménagées pour la visite. C'est le lieu de résurgence d'une intrépide rivière souterraine, le Germe, qui, une fois libéré, bouillonne furieusement avant de se jeter dans le Furon : la légende dit que ce sont les pleurs de la fée Mélusine. Près du lit de la rivière, on trouve des pierres « ophtalmiques », qui, par leur douceur extrême, ont la vertu de soigner les maladies des yeux. Mais le mystère réside en sa connexion éventuelle avec le fameux gouffre Berger, qui s'enfonce dans le plateau calcaire situé 1 000 m plus haut. L'exploration de cet immense réseau karstique, qui constituait l'une des grandes aventures de cette époque, me passionnait. Un membre de notre famille, Louis Potié, appartenait au groupe de spéléologie, qui progressait peu à peu à chaque nouvelle tentative d'exploration. Pour l'occasion, la maison d'optique Ambry, où travaillait mon père, avait fourni l'équipe en lunettes spéciales, incassables. Ils réussirent finalement la première « opération - 1 000 m ». Une autre fois, ils teintèrent l'eau du gouffre Berger avec de la fluorescéine. Quarante-huit heures plus tard, la fontaine de la place de Sassenage crachait une superbe eau verte devant les habitants médusés. La connexion des eaux était établie mais le passage n'a toujours pas été réussi aujourd'hui par les différentes équipes de spéléologues.

Sur la route de Saint-Nizier, la Tour-Sans-Venin est moins spectaculaire car elle tombe en ruine. Mais on dit que ses pierres ont le pouvoir d'éloigner les reptiles (« en laquelle beste venimeuse ne peult vivre »). Quant aux grottes de la Balme, près de Lagnieu, elles renferment de superbes concrétions.

Pour clore la liste, bien plus tard, à trente ans, je visitais enfin la Motte tremblante (ou flottante), îlot mobile, sorte de radeau en grande partie végétal, sur un marais près de Pelleautier dans les Hautes-Alpes.

Certains parlent aussi de la Fontaine-Vineuse, dont l'eau ferrugineuse soigne les maladies d'estomac, sise à Saint-Pierre-d'Argençon, près d'Aspres-sur-Buëch et de la Manne céleste de Briançon, « larmes figées d'une nymphe amoureuse » (qui seraient constituées de résines sucrées d'arbres ?). Le superbe pont de Claix, parfois cité, ne peut, à mon avis, malgré sa perfection, émarger à cette prestigieuse liste géologique. Par contre, je souhaite signaler deux autres étonnantes curiosités naturelles : la Fontaine pétrifiante de Réotier dont les eaux minéralisées et thermales ont peu à peu créé une sorte de gargouille, et les Demoiselles coiffées de Pontis et de Théus, près de Gap, qui dansent éternellement dans leur salle de bal.

Comme je l'ai dit, Papy entretenait un superbe jardin de fleurs, fruits et légumes. Très tôt, il m'a inculqué les bases du jardinage : l'usage et le respect des outils, l'identification des plantes, la distinction entre mauvaises et bonnes herbes… mais aussi la patience et l'amour du travail bien fait. Quel plaisir de surprendre (d'entendre ?), d'une heure à l'autre, la croissance des plantules de haricots verts perçant la croûte de terre durcie ! J'ai appris à aimer le contact physique, presque charnel, avec la terre, tantôt sèche tantôt grasse, à en briser les mottes. Je connais la difficulté pour préparer une belle pièce, prête à ensemencer. Aujourd'hui, je reste persuadé qu'un bon géologue doit être un bon jardinier et la réciproque est sans doute vraie.

J'étais un bon élève, surtout passionné par les sciences, la géographie et l'histoire. Longtemps, l'orthographe fut ma bête noire et je dus la travailler d'arrache-pied. Dès l'école maternelle, puis primaire, j'ai eu la chance d'avoir de très bons enseignants, ce qui fut déterminant pour la suite de ma scolarité. Déjà, j'envisageais de devenir géologue ou spéléologue voire… mineur de fond, pour explorer les profondeurs de la Terre. Le soir, mes livres et mes rêves étaient peuplés de télescopes et de planètes, de mines et de cristaux, de dinosaures, d'ammonites, de fouilles archéologiques et aussi de volcans. Les pierres précieuses, « les étoiles d'en bas », me fascinaient. Je dessinais toutes sortes d'animaux préhistoriques. Mon « carré d'as » était constitué du redoutable tyrannosaure, de l'étonnant tricératops, du dimétrodon et du stégosaure, un peu ridicules. J'avais un faible aussi pour les grands mammifères du Tertiaire. L'Eocène, « aurore des temps récents », me paraissait alors plein de promesses. J'imaginais successivement mon village de Brié à l'ère primaire, puis au Secondaire, au Tertiaire, avec un baluchiterium dans le jardin ! J'apprenais qu'un mammouth avait été retrouvé quasi intact dans un sol gelé sous les glaces de Sibérie puis naturalisé, et que l'on pouvait l'admirer au musée de Leningrad (Saint-Pétersbourg), la ville natale de mon grand-père paternel, mort jeune, que je n'ai jamais connu.

J'adorais dessiner des dinosaures et aussi des reptiles actuels, tel ce basilic à capuchon, saurien de la famille des iguanidés.

J'étais passionné par les petits livres de la collection « Voir et Connaître », consacrés à la nature. Un autre ouvrage, titré tout simplement *Les Sciences*, que m'avait offert ma grand-mère, était mon livre de chevet ; je dormais avec et je le possède toujours. Merveilleusement illustré, il répondait à toutes sortes de questions. Il citait notamment le fameux « dragonnier de Ténériffe », qui pouvait vivre... 8 000 ans. Fasciné, j'imaginais un animal fabuleux... J'appris ensuite qu'il s'agissait... d'un arbre ! Quand, bien plus tard, en 1995, j'eus la chance de visiter les volcans des îles Canaries, je ne pus m'empêcher de caresser affectueusement le tronc du premier dragonnier que je rencontrai, lui murmurant en secret mon étonnante histoire. J'en ramenai un petit plan à mon épouse. À vrai dire il ne payait pas de mine : avec ses trois feuilles il ressemblait plutôt à une jeune pousse de maïs ! Mais depuis nous veillons fièrement sur son développement : commence-t-il tranquillement chez nous, à Boulogne, une croissance de plusieurs millénaires ?

Le jeudi après-midi, jour sans école à l'époque, j'essayais d'entraîner ma mère au muséum d'histoire naturelle de Grenoble. Dès l'entrée, une forte odeur de formol nous prenait à la gorge. Une cohorte de mammifères, présentés par couple comme dans l'arche de Noé, défilait, silencieusement. Un crâne de baleine occupait le pied de l'escalier qui menait au premier étage, consacré à la zoologie systématique. Les animaux y étaient classés par espèces. Fébrilement, je prenais des notes. Certains noms me fascinaient : bryozoaires, hydroméduses... Ma préférence allait à la vitrine des sauriens, avec les iguanes et les varans, véritables dinosaures miniatures. Mais bien sûr, j'étais surtout impatient de monter à la galerie supérieure, consacrée à la géologie régionale et générale, pour y admirer les quartz de La Gardette, le moulage d'une pépite d'or, des empreintes de feuilles et des ammonites géantes...

Deux événements « géologiques », d'ampleurs bien différentes cependant, par leurs causes et leurs conséquences, m'ont marqué à cette période.

Le premier concerne la tragédie de Malpasset le 2 décembre 1959 dans la soirée : un barrage cède et une gigantesque vague dévastatrice balaye les faubourgs de Fréjus semant mort et désolation. On compte 423 morts, auxquels s'ajoutent probablement des disparus. Je me souviens de l'émotion et du mouvement de solidarité engendrés par cette catastrophe.

Ce n'est que bien plus tard, en 1997, avec des collègues géologues et des étudiants de l'université Paris-Sud Orsay, que j'ai pu remonter la vallée maudite du Reyran, à une dizaine de kilomètres au nord de Fréjus, ponctuée de blocs de béton cyclopéens épars, ruines du barrage-voûte. Il en subsiste une partie encore en place, ouvert par une brèche béante, sorte de mâchoire inférieure édentée, au rictus sinistre. Surtout, sur le flanc est de la vallée du Reyran, l'arrachement complet d'une partie du barrage a mis la faille à nu, laissant une énorme cicatrice. Le barrage était construit dessus... Bien sûr, à l'époque, ne se voyait pas la faille, masquée. Mais une expertise géologique plus approfondie aurait peut-être permis de la mettre en évidence ?

L'autre événement marquant pour moi fut la crise sismique qui ébranla la région de Grenoble en avril 1962, faisant quelques dégâts notamment à Corrençon dans le Vercors où le clocher de l'église s'effondra. Une magnitude de 5,3 fut calculée. Depuis plusieurs semaines, on ressentait en moyenne une secousse tous les deux jours et l'inquiétude croissait chez tous. Un jeudi après-midi, alors que j'étais chez mes grands-parents, qui habitaient au quatrième étage, j'éprouvais depuis un moment une inexplicable sensation de malaise. Brusquement se produit un tremblement de terre et ma nausée disparaît aussitôt. Ai-je été sensible de façon prémonitoire, comme le sont plus fréquemment les animaux ?

De façon plus générale, certaines catastrophes telluriques ont fait la une de l'actualité au cours de ces années, tels les tremblements de terre d'Agadir au Maroc en 1960, puis de Skopje en Macédoine yougoslave en 1963. De plus, j'entendais aussi raconter des histoires de volcans : mon grand-père se souvenait de l'arrivée en métropole de la nouvelle de la dramatique éruption de la montagne Pelée le 8 mai 1902. Tout cela me semblait… effrayant et fascinant. Malgré la faiblesse de l'être humain face aux forces de la nature, j'espérais qu'un jour nous aurions les moyens de nous prémunir plus efficacement contre les catastrophes naturelles.

À Grenoble, cet immeuble, construit en 1963, a une curieuse forme en « S » d'où son surnom de « serpent de pierre ». Ceci devrait lui permettre de résister davantage à un éventuel séisme.

> Where there is a will there is a way.
>
> *(Avec de la volonté, on arrive toujours)*

La photo officielle de la classe de 6e A1, promotion 1964-1965, au lycée Emmanuel Mounier à Grenoble. Je suis au 2e rang, le troisième en partant de la gauche.

CHAPITRE 2

Les années lycée

En septembre 1964, j'entrais au lycée Emmanuel Mounier, du nom du philosophe grenoblois (plus tard, jeune professeur agrégé, j'y enseignais deux mois avant de rejoindre le monde universitaire). Cet établissement flambant neuf venait juste d'ouvrir ses portes. C'était le deuxième de la ville. Aussi, face au respectable et excellent lycée Champollion, centenaire, nous avions un challenge à relever. Nous étions encadrés par des professeurs dynamiques, compétents et dévoués. J'y effectuais mon « septennat » de la 6e à la terminale car il n'existait pas encore de séparation entre collège et lycée.

Les nouvelles du monde arrivaient par le quotidien régional, Le Dauphiné Libéré, que lisait régulièrement mon grand-père, fidèle abonné. Sa lecture me fut d'abord interdite en raison de mon jeune âge, exception faite de la page des sports. J'ai alors pris l'habitude, que j'ai toujours, de commencer n'importe quel journal par la fin, ce qui, par ailleurs, correspond davantage à mon état de gaucher.

Mes idoles de jeunesse étaient Jacques Anquetil et Youri Gagarine, l'un et l'autre trop tôt disparus.

Je m'intéressais beaucoup au sport en général et plus spécialement au cyclisme, à l'athlétisme et au ski, que je pratiquais en amateur. J'entraînais mes parents pour assister aux épreuves régionales de cyclisme et de cyclo-cross et ne ratais jamais le passage du Tour de France (ce qui est toujours le cas) et du Critérium du *Dauphiné Libéré*.

Anquetil, champion cycliste, se prénommait Jacques comme moi. Par son sens tactique aigu, il incarnait tout à fait la devise « la tête et les jambes » mais aussi l'élégance et l'intelligence. Il ne tombait jamais et crevait rarement. Il était le plus souvent ponctuel dans les rendez-vous sportifs qu'il s'était fixés, mais de toute façon, noble dans la victoire comme dans la défaite, il prononçait toujours à l'arrivée le bon mot, la formule juste.

J'admirais les hommes de records, pour leur opiniâtreté et leur volonté de se surpasser. Le célèbre coureur à pied australien Ron Clarke, battait régulièrement ceux de grand fond (5 000 et 10 000 m). Quand cela se passait dans son pays, aux antipodes, on l'apprenait dans le journal le dimanche matin en plein hiver, par la magie conjuguée des hémisphères opposés et du décalage horaire ! Quant au français José Meiffret, véritable « trompe-la-mort », il avait roulé à 204 km/h… sur un vélo, dans le sillage abrité d'une voiture de course.

Je m'étais aussi intéressé aux jeux Olympiques d'hiver de Squaw Valley en 1960 avec la victoire de Jean Vuarnet dans l'épreuve de descente, puis j'avais suivi dans la presse les championnats du monde de ski alpin à Chamonix en 1962. Tous les gamins essayaient alors d'imiter sur les pistes enneigées la fameuse position aérodynamique dite « en œuf ».

C'est le 28 janvier 1964 que la nouvelle tombe : Grenoble est choisi pour recevoir les dixièmes jeux Olympiques d'hiver, en 1968 ! Commence alors un fantastique compte à rebours. La ville est complètement chamboulée, rénovée. Une semaine pré-olympique est organisée en 1967, ultime répétition. Puis arrive le grand jour du 6 février 1968. Avec mes parents et ma sœur, nous faisons partie des 100 000 spectateurs présents dans le grand stade d'ouverture. Quelle émotion de voir arriver la flamme olympique dans sa propre ville, portée par le patineur Alain Calmat. Le général De Gaulle, de sa grosse voix, prononce l'ouverture officielle des Jeux. Suivront alors treize jours de folie : les trois médailles d'or de Jean-Claude Killy, le ballet tourbillonnant des hockeyeurs russes, les fondeurs scandinaves…

Je m'étais intéressé tout de suite à la conquête de l'espace, avec mon deuxième héros, Gagarine, le premier cosmonaute, qui avait effectué en 1961 une révolution dans les deux sens du terme : autour de la Terre et dans l'avancée de l'exploration scientifique humaine. En cent minutes, il avait fait basculer le destin de l'humanité. Son vol spatial, à la fois court et lumineux, d'une seule orbite terrestre, n'a d'ailleurs jamais été réédité. Le monde occidental avait été très surpris par l'exploit de ce jeune russe si sympathique. Hélas, il perdit la vie dans le crash de son avion lors d'un vol d'entraînement en 1968 alors qu'il n'était âgé que de 34 ans…

La une du *Dauphiné Libéré* du 12 août 1962 restera à tout jamais gravée dans ma mémoire. On y voyait le cosmonaute soviétique Adrian Nikolaiev, qui avait décollé la veille à bord de son vaisseau spatial Vostok 3. Dans son scaphandre, bardé d'instruments, il nous… souriait ! J'étais admiratif devant le courage de cet homme effectuant une mission aussi dangereuse. Il faut préciser que nous n'en étions qu'aux balbutiements de la conquête spatiale, un peu plus d'un an après le vol inaugural de Gagarine. Le lendemain une nouvelle « bombe » éclata. Papy, tout excité, brandissait la nouvelle édition du journal. Un deuxième cosmonaute, Pavel Popovitch, avait décollé à son tour à bord de Vostok 4, pour tenter de se rapprocher de son ami Nikolaiev. Plus fantastique encore, les deux héros devaient, en début de soirée, traverser le ciel français et dauphinois. Au cours du repas du soir, chacun donnait son avis sur ces événements : tout y passa, la conquête de la Lune, le futur débarquement sur la planète Mars, les extraterrestres… Puis, avec une bonne demi-heure d'avance, nous nous installâmes sur la terrasse devant la maison familiale. Soudain, deux petites étoiles jumelles et fugitives traversèrent la voûte céleste. Longtemps, nous sommes restés silencieux, médusés. Bouleversé, je gardais les yeux fixés sur le ciel, pensant à ces deux hommes qui poursuivaient leur route, filant à 28 000 kilomètres à l'heure.

Ce jour-là, je pris conscience de deux dimensions fondamentales en géologie: l'espace et le temps, grandeurs toutes relatives selon les références prises. La Terre, qui jusque là m'avait semblé immense, m'apparaissait aussi bien petite puisqu'un homme pouvait en faire le tour 17 fois en une journée! Je fus pris d'une sorte de vertige en songeant que d'autres planètes – certaines volcaniques – seraient bientôt visitées. Quelle opposition entre la lenteur de l'évolution (150 millions d'années séparent un dinosaure d'un éléphant) et la formidable accélération de l'histoire (15 000 ans entre un peintre d'une fresque à Lascaux et un cosmonaute).

Par la suite, nous avons tremblé lorsque Alexi Leonov, premier piéton de l'espace, est sorti en scaphandre de sa cabine. Puis, comme la majorité des Français, nous avons passé une nuit blanche, du 20 au 21 juillet 1969, pour suivre les premiers pas de l'Homme sur la Lune.

J'étais également passionné par certains événements excitants, qui se situaient à la frontière du sport et de la science, telles les plongées en apnée de Jacques Mayol et les expériences hors du temps du spéléologue Michel Siffre.

Incontestablement, au lycée comme dans mes passions, j'étais nettement plus scientifique que littéraire (mais aujourd'hui je suis conscient de l'importance égale des deux branches et de l'intérêt d'être un homme complet). Je me bagarrais pour les premières places et les prix d'excellence.

Je me souviens d'un tout jeune professeur de mathématiques – il préparait encore l'agrégation - dont je fus l'élève en classe de 4e. Il nous exposa le postulat d'Euclide: « Par un point situé hors d'une droite, on ne peut mener qu'une parallèle et une seule à celle-ci ». Gros rires dans la classe devant l'évidence d'un tel propos. Notre maître devient blanc de colère et brandit vers nous un index vengeur en déclarant: « Quoi que vous fassiez plus tard, je prends le pari qu'aucun d'entre vous n'en saura autant qu'en savait Euclide ». Stupeur dans la salle. J'ai souvent repensé à cette phrase, car j'ai pourtant fait des études de mathématiques de haut niveau, mais probablement pas assez pour faire mentir notre ancien prof. Nous n'avions pas saisi à l'époque l'importance du postulat sur lequel repose toute la géométrie, dite euclidienne, celle que des millions de personnes utilisent chaque jour. Voilà qui montre combien le chemin du savoir est long, difficile et combien il demande de modestie.

Bien évidemment, les sciences naturelles étaient ma matière préférée. Henri Vaissière, toujours en blouse blanche, était le responsable du laboratoire. C'était mon maître à penser. Je l'admirais pour son savoir mais aussi pour son humour pince-sans-rire et, plus tard, enseignant à mon tour, j'ai toujours essayé d'être fidèle à cet esprit car la science ne doit surtout pas être triste. Le laboratoire de sciences naturelles occupait toute une extrémité d'un couloir. En y entrant, on était toujours surpris par l'odeur caractéristique de formol et de produits chimiques. De la classe de 6e à la 3e, M. Vaissière nous présenta l'ensemble de la biologie: les vertébrés, la renoncule, le fucus, le polypode… Nous avons reconstitué le fonctionnement musculaire de la patte postérieure du chat, l'ouverture et la fermeture de la coquille bivalve de la moule… Dans une goutte d'eau, nous avons traqué au microscope l'hydre et la paramécie, ou encore analysé les aliments avec différents réactifs: acide azotique ou liqueur de Fehling…

Mais ce fut le programme de la classe de 4e, consacré à la géologie, qui m'enthousiasma le plus. Dès l'introduction du cours, M. Vaissière nous brossa un panorama complet de l'intérêt de la géologie : la connaissance scientifique de l'histoire de la Terre bien sûr, mais aussi toutes les applications dans la vie quotidienne (matières premières minérales et énergétiques, travaux publics, risques naturels, etc.). Pour résumer « connaître le passé, construire le présent, prévoir le futur ». Ceci se passait avant les chocs pétroliers et je me rends compte aujourd'hui du caractère visionnaire de ces propos. Finalement, sans en avoir forcément conscience, chacun de nous est régulièrement confronté à la géologie, qu'il s'agisse de remplir le réservoir de sa voiture comme d'emprunter une route ou un pont… Le géologue pratique, lui aussi, le plus vieux métier du monde ! Par la suite, le cours traita de la géologie régionale, du calcaire urgonien du Vercors aux sables d'Eybens, en passant par l'anthracite de La Mure et le pli-faille de Sassenage, bien visible dans la cluse de l'Isère, ou le volcanisme éteint des Coirons près de la vallée du Rhône. Il faut dire que, très riche de ce point de vue, notre région s'y prêtait particulièrement bien.

La fontaine du lion et du serpent, sculptée par Sappey en 1843, symbolise le perpétuel combat de Grenoble (le lion) contre les crues de l'Isère (le serpent) : un risque géologique majeur. Une devise prévient « La serpen et lo dragon mettront Grenoblo en savon » (l'Isère, le serpent et son affluent le Drac, le dragon).

Un jour, M. Vaissière suggéra de créer au sein du lycée un club de géologie qu'il se proposait d'encadrer ! Aussitôt, un petit groupe fut enthousiasmé et le projet se réalisa bientôt. Je fus élu secrétaire général du club et le restai jusqu'en classe de terminale. Nos activités prirent alors une autre dimension. L'hiver, nous visitions des musées et des laboratoires de recherche. Des ingénieurs et chercheurs nous y recevaient avec gentillesse et nous faisaient profiter de leurs connaissances et expériences immenses, sans compter leur temps pour tout nous expliquer. Ces hommes me fascinaient. J'avais tellement envie de leur ressembler plus tard…

À la Sogreah (Société grenobloise d'études et d'applications hydrauliques), nous avons découvert comment étaient modélisés les futurs chantiers : barrage sur le fleuve Orange en Afrique du Sud, aménagement du port du Havre dans l'estuaire de la Seine pour l'accès des super-pétroliers, maquette au 1/30e d'une digue au port d'Eze-sur-Mer dans les Alpes-Maritimes…

Près de Voreppe, nous avons visité une briqueterie. À partir d'argiles, extraites de plusieurs carrières de la région, séchées puis chauffées pendant dix heures à 1 300° C dans un four de 94 mètres de long, 30 000 briques étaient produites par jour. Je comprenais de mieux en mieux les applications et les implications majeures de la géologie.

Dès le printemps, nous programmions des sorties sur le terrain : la grotte préhistorique de Fontaber, creusée par les glaciers, l'ancienne mine de fer d'Allevard. La découverte de fossiles de fougères et de prêles géantes dans les terrains carbonifères du bassin houiller de La Mure reste un très grand moment. J'apprenais qu'un volcan existait à Champs-sur-Drac, tout près de Grenoble… il y a environ 200 millions d'années, entre Trias et Lias, comme en témoignaient d'anciennes laves altérées, appelées « spilites ».

ENCADRÉ 2

Les trois types de roches

Vous apprendrez à distinguer trois types de roches, d'origines complètement différentes.

1. Les roches magmatiques *(appelées aussi « éruptives ») résultent de la solidification d'un magma. Si celle-ci s'est faite en profondeur, on parle de roches* ***plutoniques****, à gros cristaux jointifs (« grenues »), tel le granite. L'érosion des couches de roches superficielles a permis de les mettre à l'affleurement. Si le magma est arrivé en surface, au niveau d'un volcan, il forme des roches* ***volcaniques****, constituées de cristaux isolés dans un fond homogène, tel le basalte.*

2. Les roches sédimentaires *(calcaire, craie) se sont déposées dans la mer, parfois dans un lac. Elles peuvent contenir des fossiles d'animaux ou de végétaux.*

3. Les roches métamorphiques *ont subi une transformation (une « métamorphose »). Elles sont donc souvent feuilletées, plissées, tel le schiste, et peuvent contenir de beaux minéraux (grenat).*

Lame mince d'une roche magmatique volcanique vue au microscope polarisant (le secteur photographié mesure 6 x 4,5 mm) : un basalte « demi-deuil ». Les minéraux colorés sont des clinopyroxènes, les minéraux rayés noir et blanc sont des feldspaths plagioclases.

Avec un piolet, au lac Achard dans le massif de Chamrousse, je recherche des échantillons géologiques (août 1965).

© Henri Rey.

Je visitais aussi avec ma famille les grottes de la région : Favot où avaient été retrouvés des ossements et des dents d'ours des cavernes, Vallier ancien abris préhistorique, Choranche avec ses longues stalactites si fines, qui se reflètent dans le miroir d'un lac souterrain, la Draye blanche. En descendant de la dent de Crolles, nous nous aventurâmes quelques dizaines de mètres dans l'ouverture glaciale du Trou du Glas, qui, un temps, a détenu le record mondial de profondeur.

© J.-M. Bardintzeff / Jean-Michel Mériaux.

Parallèlement, je grimpais, parfois en skis de randonnée, sur les principaux sommets des trois massifs séparés par le « Y », formé par la vallée de l'Isère et celle de son affluent le Drac : Chamechaude et Pinéa en Chartreuse, Pic Saint-Michel dans le Vercors, Croix de Belledonne et Grande Lance de Domène dans le massif de Belledonne. Plus au sud, nous gravissions, le Taillefer et l'Obiou dans le Dévoluy. Au col du Goléon, j'atteignais à ski mon premier 3 000.

Une descente en rappel de 40 mètres au Mont-Aiguille (2 septembre 1973).

Je m'intéressais à la géologie mais aussi à la préhistoire et l'archéologie (avec un faible pour la Mésopotamie), à l'astronomie (mon parrain m'avait construit une lunette astronomique pour observer les cratères de la Lune, qui n'ont rien de volcaniques car résultant d'autant d'impacts de météorites). Je constituais de véritables dossiers scientifiques. Je collectionnais minéraux, roches, fossiles et aussi les coquillages. Les cartes géologiques à l'échelle 1/50 000e de la région grenobloise tapissaient un mur de ma chambre. Je connaissais parfaitement les corniches tithonique et urgonienne, l'anticlinal de l'Ecoutoux et le synclinal perché du Néron. *La Géologie dauphinoise* de Maurice Gignoux et Léon Moret était devenue ma bible. Régulièrement encore, je rends visite, au sommet du téléphérique de la Bastille, au monument dédié aux géologues des Alpes françaises : Wilfrid Kilian, Charles Lory et Pierre Termier, mes glorieux prédécesseurs. Dolomieu, minéralogiste dauphinois, qui a donné son nom au minéral dolomite (carbonate double de calcium et de magnésium), à la roche dolomie et au massif italien des Dolomites, reste toujours pour moi une référence. D'ailleurs à Grenoble, la rue qui conduit au muséum porte son nom.

Le monument des géologues des Alpes françaises au sommet de la Bastille, qui domine Grenoble ; on aperçoit le Néron à l'arrière-plan. De gauche à droite : Wilfrid Kilian, Charles Lory et Pierre Termier (Noël 1980).

Un jour mon père m'emmena voir au cinéma le film d'Haroun Tazieff, *Les Rendez-vous du diable*, qui m'impressionna fortement. Certaines séquences encore plus que les autres : le ballet incessant mais vain des bulldozers essayant de stopper l'avancée inexorable des coulées de lave au Kilauea à Hawaii, le lac d'acide vert jade du Kawah Idjen à Java en Indonésie, dans lequel un bloc de calcaire disparaît en bouillonnant. Par ailleurs, le volcan Taal, aux Philippines, s'était brusquement réveillé en septembre 1965. J'apprenais ainsi mes premiers noms de volcans. J'ignorais alors que plus tard j'irais les visiter. Un jour, Tazieff vint à la librairie Arthaud pour présenter son dernier livre, *L'Etna et les volcanologues*, et pour la première fois je rencontrais ce grand homme… le temps d'un autographe.

Première rencontre avec Haroun Tazieff : le célèbre volcanologue me dédicace son livre L'Etna et les volcanologues à la librairie Arthaud à Grenoble (9 décembre 1972). © Arthaud

Peu après, lorsque la question « Quel métier envisagez-vous plus tard et pourquoi ? » nous fut posée en classe comme sujet de rédaction, sans hésitation je traitais de la volcanologie. J'argumentai mon devoir sur la prévision des risques dans le but de sauver les populations menacées, sur le volcan utile et la géothermie, autant de thèmes que j'aurais l'occasion de développer plus tard au cours de mes recherches. Alors que la géologie peut sembler, dans l'esprit du public, une science figée, la volcanologie lui donne un caractère vivant incontestable. Mon projet professionnel était devenu très clair. Il ne me restait qu'à me donner les moyens d'atteindre mon but.

ENCADRÉ 3

L'orientation au lycée

Après le collège, on entre classiquement au lycée où il faudra faire des choix pour son orientation future. On commence par une classe de seconde générale et technologique. Outre des enseignements communs, on peut choisir deux enseignements optionnels en plus (un général et un technologique). Pour faire de la géologie plus tard, « sciences et laboratoire » ou « sciences de l'ingénieur », par exemple, devrait être intéressant mais il faut choisir parmi l'ensemble proposé, selon ses gouts.

Ensuite, il faudrait plutôt suivre une classe de première générale. Outre les enseignements communs, il faut choisir trois enseignements de spécialités de 4 heures hebdomadaires chacun, parmi 13 possibilités. Dans l'optique de la géologie, et plus particulièrement de la volcanologie, il faut, bien évidemment, retenir « sciences de la vie et de la Terre » mais aussi « physique-chimie ». Pour le troisième enseignement on peut choisir, selon ses gouts, entre « mathématiques », « numériques et sciences informatiques » ou « sciences de l'ingénieur ». Le but est d'acquérir un bagage scientifique solide.

En classe de terminale générale, il faut choisir deux enseignements de spécialité parmi ceux déjà choisis en première. Bien sûr, il faut continuer « sciences de la vie et de la Terre » et prendre un autre enseignement au choix selon ce que l'on a préféré en classe de première. En fin de terminale, il faut passer (et réussir) le baccalauréat général, passeport incontournable pour l'enseignement supérieur.

L'ONISEP (l'Office national d'information sur les enseignements et les professions) donne tous les renseignements : https://www.onisep.fr

Voir également le site « éduscol » du Ministère de l'éducation nationale et de la jeunesse : https://eduscol.education.fr/

Se renseigner aussi auprès du C.D.I. (Centre de documentation et d'information) de votre établissement.

L'orientation est un choix que tout jeune doit faire, tôt ou tard, parfois dès la fin de la classe de troisième. Il faut s'y préparer, rassembler le maximum de renseignements, prendre le temps d'y réfléchir, peser le pour et le contre, puis, en fin de compte, prendre, « seul avec soi-même », la meilleure décision.

Quant à moi, ma vocation était claire: la géologie sans aucune hésitation! Le baccalauréat scientifique en poche, je pris la plus importante et la plus difficile décision de ma jeune vie. J'intégrai, à Lyon, le prestigieux lycée du Parc où mon dossier avait été accepté. Ceci signifiait aussi que j'allais quitter ma famille. Au cours de ces deux années suivantes, d'une intensité exceptionnelle, je devais rencontrer mon meilleur ami, Jean-Michel, et le scientifique qui m'a le plus impressionné, le professeur Jean Gourc.

“ *Sine labore nihil*

(Rien sans travail) ”

Ma classe XC1 (Bio maths spé) au lycée du Parc à Lyon, année 1972-1973. Je suis au dernier rang, le deuxième en partant de la gauche ; à ma gauche mon meilleur copain, Jean-Michel Mériaux.

CHAPITRE 3

De la prépa à Normale sup

C'est au cours de mon année de terminale que, pour la première fois, j'entendais parler des classes préparatoires aux grandes écoles, plus communément appelées « prépas », cursus parallèle à l'université. Des conseillers, rencontrés au C.R.D.P. (Centre régional de documentation pédagogique), m'incitaient vivement à tenter une classe de Biologie Mathématiques supérieures (Bio Maths sup), suivi d'une Biologie Mathématiques spéciales (Bio Maths spé). C'est à dire un cycle de deux ans avec un enseignement de très haut niveau en mathématiques, physique et chimie, « renforcé » en biologie et géologie, à l'issue duquel on pouvait s'inscrire au concours d'entrée aux grandes écoles. Aujourd'hui, ces mêmes classes sont appelées B.C.P.S.T. (Biologie, Chimie, Physique, Sciences de la Terre) première et deuxième années.

Malheureusement, il n'existait pas de préparation de ce type dans ma ville de Grenoble. La plus proche se situait à Lyon. Cette idée me semblait impossible à envisager car présentant des difficultés quasi insurmontables: aurais-je le niveau face à la concurrence redoutable de tous les autres bons élèves? Saurais-je me débrouiller seul? Ma famille pourrait-elle assumer l'effort financier que ces études nécessitaient? Puis elle germa dans mon esprit pour s'imposer de plus en plus: c'était la chance de ma vie, j'en étais conscient et si je la laissais passer, je le regretterais plus tard. Il y avait un défi à relever maintenant ou jamais... J'étais au nombre des trois ou quatre meilleurs élèves de ma classe et j'avais donc de bonnes chances. Aussi, je remplis un dossier que j'adressai au lycée du Parc à Lyon. Une réponse positive me revenait: j'étais accepté, à condition, bien sûr, de réussir le bac avec mention. Quand j'obtenais le précieux diplôme début juillet, il m'était alors impossible de reculer: les dés étaient jetés.

Mes parents, ma mère surtout, étaient loin d'être enthousiastes à l'idée de me voir partir. Au cours de l'été, ils avaient cherché à me trouver une chambre à Lyon. Mais aucune solution pratique n'apparaissait et je n'avais pas été retenu à l'internat du lycée. Tout semblait alors bien compromis et j'étais à deux doigts de renoncer mais dans un sursaut de volonté je m'y refusai.

Le premier dimanche de septembre, nous partons donc en « repérage ». Le lycée m'apparût, immense et imposant, à la taille de ce qu'on devait y apprendre, sombre et sévère, avec un petit clocheton. L'ensemble était ceint de hauts murs, ponctués de portes massives et de grilles de fer forgé : une sorte de monastère du savoir dans lequel j'allais me retirer pendant deux ans. Nous visitâmes les lieux, les cours intérieures, le réfectoire... Nous rencontrâmes par hasard un surveillant général qui, nous allions le découvrir, cachait un grand cœur sous son aspect bourru. Nous voyant un peu perdus et désemparés, il nous propose son aide. Mes parents racontent notre histoire, explique les difficultés à me trouver un logement. Il nous prend alors littéralement sous son aile protectrice : « Venez avec moi ». Il consulte mon dossier, se renseigne sur les places disponibilités à l'internat et déclare : « Il y a toujours des défections de dernière heure, je m'engage donc à prendre votre fils à l'internat » et ajoute « Au besoin, le premier soir, il dormira à l'infirmerie ! ». Ce chic monsieur me donnait un premier coup de pouce dont je lui reste reconnaissant.

Le dimanche suivant, la veille de la rentrée, nous refaisons le même trajet Grenoble-Lyon et retrouvons le lycée. Nous montons l'escalier monumental jusqu'au troisième et dernier étage, pour rejoindre la chambre qui m'a finalement été affectée et que je partage avec un camarade. Je range mes affaires dans mon armoire. Nous faisons un dernier tour au parc de la Tête d'or, tout proche. Il pleut. Mes parents et ma sœur sont tristes. Moi aussi j'ai le cœur gros, un peu effrayé par la tâche à accomplir. Machinalement, je ramasse un gros marron brillant, qui restera plusieurs années dans ma poche pour finalement se désintégrer. Ma famille me quitte : je suis seul maintenant, face à mon destin.

Ma classe s'appelle... « HXC1 », nom digne du vaisseau spatial qui va me mettre sur l'orbite de la vie.

Le premier soir, je fais la connaissance de mes nouveaux camarades, qui viennent de toute la région Sud-Est : Montélimar, Moulins, Bourg-en-Bresse, Dijon... Les carrés (élèves de deuxième année) et les cubes (troisième année) nous rassemblent et nous racontent la vie du lycée : des conseils mais aussi des bobards, débuts du bizutage. La nuit est agitée et le petit déjeuner a du mal à passer.

À 8 heures, sur la galerie du premier étage, la porte de la salle de cours s'ouvre et le professeur de biologie, en blouse blanche, nous invite à entrer. Nous découvrons une grande salle austère, qui a vu défiler des générations d'étudiants. Le professeur ne prononce pas de longs discours car tout le monde sait ce qu'il vient faire ici mais une simple formule de bienvenue. Et le premier cours démarre aussitôt : « La germination des semences sèches ». Pendant deux heures, sans une seconde de répit, nous prenons en note le discours de très haut niveau et les dessins de grandes qualité et précision. À 10 heures, la cloche résonne, signalant la pose. Un peu sonné, j'ai l'impression d'avoir fait un véritable voyage dans un pays extraordinaire. Je suis passionné par ce que je viens d'entendre et d'apprendre. Et là, je me rends compte, sans plus aucun doute possible, que j'ai fait le bon choix. Dix minutes plus tard commence le cours de physique. Nous sommes déjà dans le bain.

Les « prépas » sont souvent caricaturées comme étant des « boîtes à concours » inhumaines où règne une ambiance exécrable avec de nombreuses « peaux de bananes » jetées sous les pieds des uns et des autres. Pour ma part, je garde d'excellents souvenirs de ces deux années passées à Lyon. Le bizutage avait été très folklorique, long monôme déguisé, de la place Bellecour, située au centre de la ville, jusqu'à notre établissement, avec, il est vrai, un passage obligé et humide dans une grande fontaine alimentant un jeu de jets d'eaux.

Notre groupe de Bio Maths sup et spé est plus connu sous le nom d'Agro, car les débouchés principaux en sont l'Institut national agronomique et d'autres écoles supérieures d'agronomie. Bien sûr, nous possédons nos signes distinctifs: la couleur verte, les emblèmes de la carotte et du poireau.

Très vite, la vie s'organise, bien rythmée par les « colles », interrogations orales régulières, qui nous obligent à un effort constant. Nous comptons les mois de l'année scolaire, de septembre à juin, par les neuf lettres du nom de Parmentier, « l'inventeur de la pomme de terre », notre saint patron en quelque sorte: P pour septembre PA pour octobre, etc., jusqu'à écrire le R final qui voit l'avènement des beaux jours.

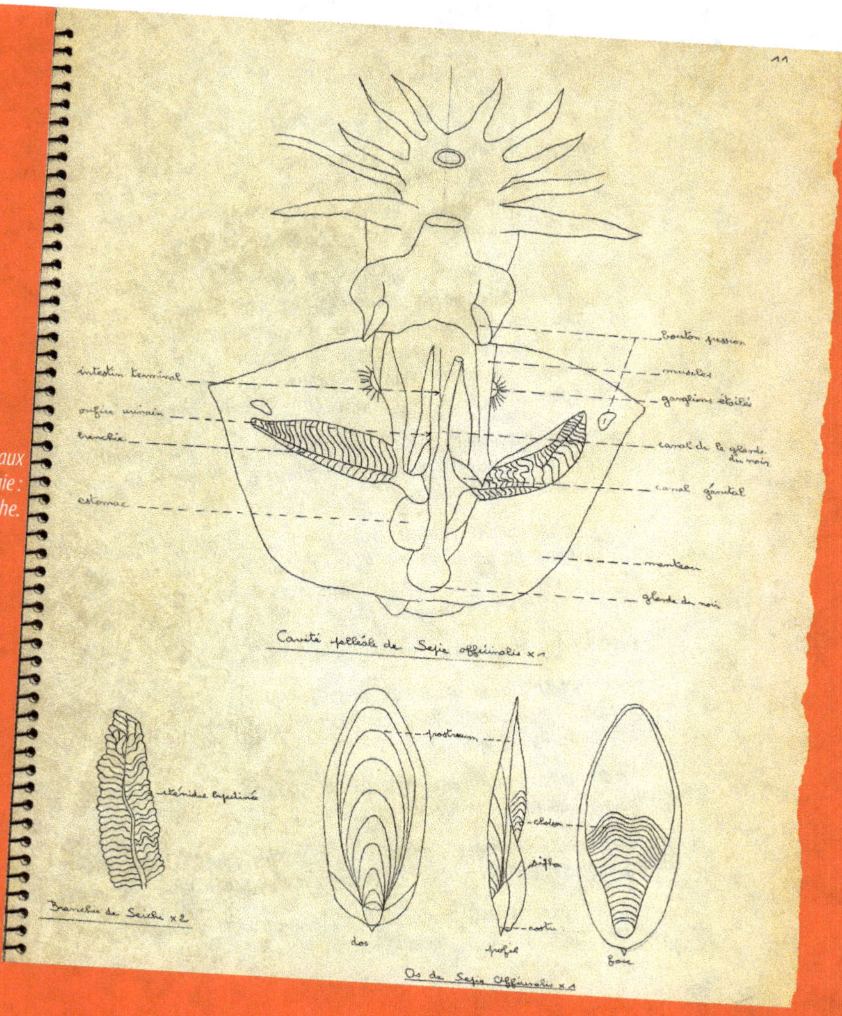

Mon cahier de travaux pratiques de zoologie : dissection de la seiche.

Nous formons une bonne équipe, plus particulièrement entre internes, en blouse blanche comme nos profs. On se serre les coudes et on s'entraide, ce qui peut paraître paradoxal car nous sommes aussi concurrents. Mais il règne un climat positif d'émulation. D'ailleurs, longtemps après, nous sommes toujours amis.

La composition de biologie-géologie constitue, sans discussion possible, le sommet du trimestre. Chacun veut briller. Les révisions commencent presque un mois à l'avance, ce qui accroît encore la quantité de travail. Le sujet, vaste, demande toujours un bon esprit de synthèse en plus des connaissances. On donne tout ce qu'on a dans la tête et dans le ventre. Le soir de l'épreuve, classiquement, est organisée la soirée dansante, « boum » de la promotion. Je me suis rapidement situé en tête de classe et m'y suis efforcé d'y rester. Le passage en seconde année n'a constitué qu'une simple formalité.

En seconde année, en classe de « XC1 », les difficultés redoublent. Avec le recul, la première année nous apparaît alors presque simple ! Ce qui nous permet aussi de mesurer le chemin déjà parcouru. Dès la rentrée, le compte à rebours commence,

ENCADRÉ 4

La tectonique des plaques

L'écorce terrestre, d'une épaisseur moyenne de 200 km sous les continents et de 100 km sous les océans, s'appelle la lithosphère. Elle est fragmentée en plusieurs morceaux, longs et larges de plus de 10 000 km. Ceux-ci, relativement minces à l'échelle de la planète, constituent les « plaques lithosphériques ».

On dénombre sept plaques majeures sur la Terre : Eurasie, Afrique, Amérique du Nord (plus une partie de l'Atlantique Nord), Amérique du Sud (plus une partie de l'Atlantique Sud), Australie - océan Indien, Pacifique, Antarctique. On remarque que certaines plaques sont essentiellement continentales (Eurasie, Afrique), d'autres uniquement océaniques (Pacifique) et d'autres mixtes. En outre, on connaît d'autres plaques plus petites, telle la plaque Caraïbe ou la plaque Philippines.

Les plaques sont mobiles. Elles dérivent à la vitesse de quelques centimètres par an : c'est la tectonique des plaques. Aux frontières des plaques se produisent des événements telluriques majeurs.

– Lorsque deux plaques s'écartent, un océan grandit, tel l'Atlantique aujourd'hui. À la vitesse de 2 cm par an, un océan de 4 000 km se crée en 200 millions d'années. Au milieu de l'océan existe une chaîne de montagnes sous-marine appelée « dorsale », volcanique et sismique. Cette dorsale émerge localement en îles (Islande).

– Lorsque deux plaques se rapprochent, deux cas sont à envisager :

• Une plaque plonge sous l'autre en une subduction (jusqu'à 10 cm par an). Cette zone est très sismique et très volcanique (exemple de la Ceinture de feu du Pacifique : cordillère des Andes, Japon).

• Les deux plaques entrent en collision, à l'origine d'une chaîne de montagnes (Alpes, Himalaya), zone très sismique mais pas volcanique.

– Localement deux plaques peuvent coulisser l'une par rapport à l'autre (faille de San Andreas en Californie). Des séismes y sont fréquents (San Francisco, Los Angeles).

– Certains volcans isolés (Hawaii, La Réunion) se situent au milieu d'une plaque et ne sont pas directement liés à la tectonique des plaques.

qui s'achèvera le premier jour des concours, début mai. Cette année-là, le dicton « en mai fait ce qu'il te plaît » n'est vraiment pas d'actualité. Notre professeur de biologie-géologie, Jean Gourc, me plaît immédiatement par ses connaissances et sa modestie. Les cours prennent une autre dimension. Les grandes idées sur le monde vivant et minéral prennent forme. En botanique, on retrace l'apparition de la graine, du fruit, autant d'« inventions » ingénieuses de la nature : à l'ère Primaire, il n'y avait aucune fleur dans les prairies et les forêts ! En zoologie, on explique les grandes fonctions (locomotion, respiration, reproduction, etc.) de tous les êtres vivants, des plus simples aux plus complexes. Il apparaît que notre main, avec ses cinq doigts, possède beaucoup de points communs avec la nageoire de certains poissons primitifs. Un petit animal aquatique, l'amphioxus, devient une véritable célébrité car il possède une ébauche de colonne vertébrale, annonçant les grands groupes de vertébrés. Toutes ces notions d'évolution, à l'origine d'une telle variété, me passionnent. En géologie, la théorie de la tectonique des plaques, encore toute récente car datant alors de quelques années à peine, apparaît pleine de promesses. La planète Terre doit être considérée dans son ensemble, avec un bilan global intégrant les flux de chaleur et de matière. Le volcanisme joue certes un rôle important mais n'occupe qu'un seul chapitre !

Jacques-Marie Bardintzeff à Thingvellir au centre du rift islandais. En quelque sorte un pied sur la plaque eurasiatique et l'autre sur la plaque nord-américaine !

Il est clair qu'alors mes études occupent tout mon temps et ne me laissent qu'un minimum de loisirs. Cependant, malgré toutes les heures de dur labeur, cette période reste un très bon souvenir. Quand je repense au lycée du Parc, je revois en priorité sa cour d'honneur inondée de soleil. J'ai eu aussi la chance de toujours jouir d'une bonne santé et de ne jamais tomber malade.

Pendant les vacances de Pâques, avec mes deux meilleurs amis, Jean-Michel et Gilles, nous organisons les révisions des concours qui approchent. Nous logeons dans la maison de vacances des parents de Jean-Michel, qui domine le lac du barrage de Serre-Ponçon, isolés et hors du temps, un peu à la façon des cosmonautes. Le matin du premier jour, on dresse l'emploi du temps quotidien des deux semaines à venir. Ensemble, il est plus facile de respecter un programme précis. Nous nous autorisons un *break* chaque après-midi pour une petite balade dans la nature et pourquoi pas géologique : nous allons voir de plus près la fameuse nappe des flyschs alpins à helminthoïdes, sédiments durcis sur lesquels des vers marins ont laissé des traces longtemps restées énigmatiques. Un pèlerinage au pied des Demoiselles coiffées s'impose aussi. À la fin du séjour, après quinze jours de labeur intensif, heureux d'avoir respecté le timing, nous sommes confiants.

Le grand jour arrive : mercredi 2 mai 1973. Commence, dans le gymnase du lycée réaménagé en salle d'examen, le concours commun des écoles d'agronomie. En pénétrant dans la salle, nous savons que nous partons pour plus d'un mois d'épreuves continues et sélectives : cinq concours, à raison d'un par semaine, chacun durant quatre ou cinq jours. Dès le deuxième jour, le rythme est pris et les concours s'enchaînent. Courant juin, après la fin des écrits, on révise les travaux pratiques, épreuves suivantes pour les candidats qui seront déclarés admissibles. Nos deux salles de sciences naturelles, communicantes, sont transformées en véritables laboratoires d'études, qui fonctionnent en « self-service ». Des fleurs des champs, ramenées par nos professeurs, égaient l'atmosphère : nous en déterminons la famille (crucifère ? composée ? – appelées aujourd'hui respectivement brassicacée et astéracée –) grâce à la *Flore* de Gaston Bonnier. Dans des flacons de formol s'entassent des insectes, dont nous séparons les pièces buccales sous la loupe binoculaire pour bien distinguer les piqueurs, les suceurs et les lécheurs ! Un matin, Jean Gourc apporte deux truites achetées sur le marché et m'en confie une. Cette marque de confiance me « gonfle à bloc ». Je dois faire une dissection parfaite, qui servira ensuite pour les explications données à l'ensemble de la classe. Roches, minéraux et fossiles, imperturbables, attendent d'être observés et reconnus. C'est une période complètement folle mais enthousiasmante.

Un jour, en fin d'après-midi, le professeur arrive, une liste à la main, celle des admissibles au premier concours, celui de l'Institut national agronomique (l'« Agro »), qu'il vient d'obtenir de Paris par téléphone. Silence dans la salle pendant l'énumération des noms. Comme chaque année, c'est un grand succès pour notre lycée de « province », qui dame le pion aux établissements parisiens. Mais quelques copains, très déçus, sont recalés. Je suis admissible avec la place de 52e sur plus de mille inscrits. Le lendemain, j'apprends mon admissibilité à l'École nationale supérieure de Géologie appliquée et de Prospection minière de Nancy et, les jours suivants, aux trois Écoles normales supérieures.

Il faut préparer notre « montée » à Paris. J'ai 19 ans mais n'ai encore jamais vu la capitale ! Chaude ambiance dans le train, qui mettait alors quatre heures entre Lyon et Paris via Dijon. Une parente, ancienne physicienne de l'École normale supérieure de Sèvres, a accepté de m'héberger. Pendant toute la durée du concours, elle jouera d'ailleurs un peu le rôle d'impresario, m'aidant à organiser mes déplacements et mon emploi du temps. En quelques jours, elle est connue de tous car elle distribue aussi bonbons et encouragements à mes camarades.

Les oraux sont très difficiles et assez impressionnants. Nous sommes interrogés par des sommités scientifiques, qui nous donnent plusieurs sujets à traiter puis nous bombardent de questions permettant de sonder les connaissances (et les lacunes) de chacun. Je dois passer plusieurs épreuves par jour dans différents établissements de Paris et de la banlieue : je découvre le métro, le R.E.R., mais aussi la tour Eiffel et les monuments parisiens !

Finalement, je suis admis à quatre concours de grandes écoles. Plutôt que de m'engager dans une carrière d'ingénieur, je choisis l'École normale supérieure de Saint-Cloud, pour devenir enseignant et chercheur. Cette école, située en bordure d'un grand parc, et les professeurs, sympathiques et dynamiques, m'ont immédiatement plu. Mon rêve se réalise et j'obtiens la récompense de mes efforts.

J'ai enfin droit à une journée de liberté dans notre belle capitale et j'en profite pour visiter la galerie de paléontologie du Muséum national d'histoire naturelle et saluer le gigantesque squelette du diplodocus.

En « intégrant » l'École normale supérieure en octobre 1973, je deviens – enfin ! – géologue quasi à plein temps. Notre résidence se situe au calme, sur les hauteurs de Saint-Cloud (depuis elle a été transférée à Lyon). Ayant signé avec l'État un contrat qui nous engage à passer au moins dix ans à son service comme enseignant, après nos quatre années d'école, nous percevons aussi notre premier salaire… 1 600 francs, un peu moins de 250 euros. Une vie nouvelle commence, plus libre et sans stress. Au cours des deux premières années, nous devons acquérir la licence et la maîtrise (remplacée aujourd'hui par un master qui dure un an de plus). En première année, nous suivons les cours de l'université de Paris VI, sur le campus de Jussieu, dans le cinquième arrondissement. Nous sommes inscrits à deux certificats de la licence de géologie, le « C1 » de pétrologie (étude des roches et des minéraux, en particulier ceux liés au volcanisme) et le « C3 » de géologie structurale (tectonique, formation des chaînes de montagne : Jura, Alpes, cordillère des Andes). Les travaux pratiques occupent une place importante dans l'emploi du temps. Ils nous permettent de nous familiariser avec les objets (échantillons, cartes) et les outils (microscope polarisant, stéréoscope) de la géologie. En supplément, nous suivons un certificat de biologie végétale et écologie, pour garder à l'esprit qu'un géologue doit être un bon naturaliste. Des relations majeures existent entre géologie et biologie : les fossiles ne sont-ils pas d'anciens animaux ou végétaux ? La vie est aussi constructrice de roches (les coraux par exemple) et les sols résultent de l'action d'êtres vivants. L'étude de l'environnement, l'écologie, si importante aujourd'hui, s'appuie sur ces deux sciences.

© Armelle Chanzy.

Dans le parc de Saint-Cloud en novembre 1980. À l'arrière-plan, l'École normale supérieure installée dans les anciens communs du château incendié par les Prussiens en 1870. Mon école a depuis été transférée à Lyon.

Le 30 décembre de cette même année, je fête mes vingt ans ! Ce que j'ai fait ce jour-là ? Eh bien, la veille, ma sœur et moi, nous avons, bien sûr, organisé une « boum » avec les copains et copines. Mais le jour même de mon plus bel anniversaire, de bon matin, nous partons avec un nouvel ami, rencontré quelques jours auparavant au pied du Saint-Eynard, alors que je recherchais des minéraux (j'étais membre du Club dauphinois de minéralogie). Notre objectif est de repérer un petit « diapir » de gypse (plissement miniature dû à la remontée du gypse au sein des autres couches de terrain), au lieu-dit Les Clavelas, entre Serres et Laragne dans les Hautes-Alpes, à une centaine de kilomètres au sud de Grenoble. Nous y trouvons de superbes cristaux de célestine, sulfate de strontium, qui tient son nom de sa magnifique couleur, parfois bleue céleste.

Le troisième trimestre, le plus enthousiasmant, est entièrement consacré aux stages sur le terrain : une façon de (re)découvrir son pays à la plus belle des saisons, celle de la floraison. A Saint-Haon en Haute-Loire, entre Langeac et Langogne, nous cartographions le trajet les coulées de lave du volcanisme du Devès, daté de la fin de l'ère Tertiaire (Pliocène) et du début du Quaternaire (Pléistocène) sur l'ancien socle granitique hercynien. Puis nous mesurons les directions des plis du massif du Canigou dans les Pyrénées-Orientales. L'été suivant, je poursuis mon tour de France par deux stages : l'un de botanique à Cherré dans la Sarthe, l'autre de biologie marine à Arcachon.

La deuxième année, nous sommes inscrits à l'université de Paris VII, située sur le même campus de Jussieu, mais séparée administrativement de Paris VI. Le cursus est organisé en différentes unités de valeurs (U.V.) : en géologie, l'accent est fortement mis sur la géophysique et la géochimie. Il faut apprendre à manier les gradients, les divergences, les rotationnels et les Laplaciens pour bien appréhender le flux thermique ou le champ magnétique terrestre. Claude-Jean Allègre, futur ministre de l'Éducation nationale, nous enseigne la thermodynamique et la cosmochimie. Les excursions nous conduisent vers le pli de Montpellier, où nous découvrons un gros œuf de dinosaure, à la limite des terrains rognacien et vitrollien.

Si bien, qu'avec notre maîtrise en poche, nous avons bénéficié en deux ans d'un panachage intelligent et intéressant entre la géologie « traditionnelle », incontournable, et celle, plus « moderne », avec ses chiffres et ses modèles. J'aurais toujours à cœur, par la suite, de respecter cet équilibre.

La troisième année d'école est focalisée sur la préparation – et la réussite – au concours d'agrégation. L'enseignement se déroule sur place, à Saint-Cloud, où nous sommes choyés. Les meilleurs professeurs se déplacent pour venir nous donner des conférences et critiquer les leçons que nous faisons chacun à tour de rôle, devant le reste de la classe. Durant cette année, beaucoup plus difficile, nous retrouvons l'ambiance des concours des classes préparatoires mais également celle d'une promotion particulièrement soudée. Il nous faut aussi redevenir des naturalistes complets, non seulement géologues mais aussi zoologues et botanistes. Le concours d'agrégation constitue un sommet. L'écrit comporte une épreuve de géologie de… sept heures, et deux autres épreuves de biologie animale et végétale, de cinq heures chacune. Suivent, pour les admissibles, trois épreuves de quatre heures de travaux pratiques. Enfin, l'oral a lieu sous forme de leçons fictives données devant le jury. Il débute fin juin et se prolonge tard jusque dans le courant juillet, sans pause ni le samedi, ni le dimanche, ni même le 14 juillet ! Les candidats sont convoqués à tour de rôle, chaque jour. La préparation de la leçon demandant quatre heures, celui qui commence à 8 heures du matin doit se présenter à 4 heures devant le concierge, qui lui donne, de nuit, son sujet, mis sous enveloppe cachetée. Le nombre de postes est fluctuant mais toujours réduit. En 1976, il y avait 10 places disponibles en géologie… je termine 14ème et suis donc collé. Difficile d'échouer si près du but. Heureusement, je réussis un autre concours d'enseignement, le Capes (Certificat d'aptitude au professorat de l'enseignement du second degré), ce qui sauve mon année.

Pour ma quatrième et dernière année d'école, je décide de mettre les « bouchées doubles ». Je me dois de réussir cette satanée agrégation qui m'a échappé de si peu. Je m'inscris aussi en D.E.A. (diplôme d'études approfondies; aujourd'hui master recherche), antichambre de la recherche. Après le premier choc pétrolier, l'accent avait été mis sur le développement de toutes les autres sources d'énergie possibles. La géothermie constituait l'une d'entre elles. Prélever la chaleur du sous-sol, qui semble inépuisable, est en effet bien tentant. Celle-ci est encore plus importante en région péri-volcanique. Voilà un sujet qui m'apparaissait nouveau et porteur, concernant à la fois la géologie et la géophysique, intéressant la recherche fondamentale comme la recherche appliquée. J'en avais fait part au professeur Guy Perrier de l'université de Grenoble, qui justement était l'un des leaders d'un programme d'estimation du flux de chaleur en France. Il me propose de travailler dans cette voie. Le courant passe immédiatement avec cet homme chaleureux et je suis emballé par ce projet. Dans cette optique, nous visitons les houillères de la Mure (aujourd'hui fermées), pour envisager des mesures de températures à différentes profondeurs et calculer ainsi le gradient géothermique à cet endroit.

À l'E.N.S., j'avais été enthousiasmé par les conférences de Robert Brousse, professeur à l'université Paris-Sud - Orsay. L'homme ne pouvait laisser indifférent : costaud, les cheveux et la barbe en bataille, il parlait d'un ton doctoral, avec le sens de la formule. Ses phrases tombaient, pesantes, quasi définitives. Pédagogue hors pair, il maniait en outre l'humour avec un certain bonheur. Au cours de l'année, il nous avait présenté, avec une grande clarté, l'ensemble du magmatisme : la fusion partielle du manteau supérieur, la genèse des basaltes, la chambre magmatique et la différenciation par cristallisation fractionnée… La volcanologie prenait ainsi une autre dimension. Les dynamismes éruptifs, phénomènes superficiels mais parfois fort dangereux, étaient reliés à l'évolution profonde des magmas. De plus, il nous avait impérialement guidés sur les volcans d'Auvergne, du Cantal au Mont-Dore et jusqu'à la chaîne des Puys. Sans le savoir, je signais un bail illimité avec cette région, que je visiterais par la suite quasiment chaque année.

Mon programme de l'année à venir est maintenant très clair. Je suivrai les cours du D.E.A. « Sciences des matières premières minérales et énergétiques » à Orsay et rédigerai mon rapport d'étude sur le thème « Le flux de chaleur en France », sous la direction conjointe des professeurs Brousse et Perrier… sans oublier de décrocher l'agrégation. Ce fut l'une de mes années les plus constructives, positives et productives. Consciencieusement, je suis ce programme à la lettre. Tout s'accélère en fin d'année universitaire. J'obtiens l'agrégation au quatrième rang. Et M. Brousse me propose un poste d'assistant dans son Laboratoire de pétrographie-volcanologie à Orsay ! Après avoir rêvé ma vie, j'allais vivre mon rêve.

Jacques-Marie Bardintzeff, au Laboratoire de pétrographie-volcanologie de l'université Paris-Sud Orsay, observe des lames minces de roches volcaniques au microscope polarisant (décembre 1986).

ENCADRÉ 5

Comment devenir volcanologue ?

Il est nécessaire d'avoir l'esprit scientifique, d'aimer les sciences naturelles et plus particulièrement les sciences de la Terre, ainsi que la chimie et la physique... et de ne pas être fâché avec les mathématiques. Les études sont longues et difficiles mais passionnantes.

***Après un un baccalauréat général, il faut** :*

– suivre la filière université (jusqu'au master de géologie en cinq ans) ;

– ou la filière classes préparatoires, soit deux années de B.C.P.S.T. (Biologie, Chimie, Physique, Sciences de la Terre) puis trois ou quatre ans de grandes écoles (Écoles des mines, Écoles d'ingénieur, Écoles normales supérieures).

***La recherche proprement dite** commence lors du master recherche, en cinquième année d'université ou dans un institut de physique du globe ou inclus dans les années de grande école. Elle se poursuit par un doctorat en trois ans. Il faut alors une grande motivation et de la chance pour intégrer une équipe scientifique. Les volcans ne concernent qu'une centaine des quatre mille géologues français et une vingtaine seulement à plein-temps.*

***Différentes spécialités de la volcanologie peuvent être envisagées** : études des roches (pétrologie), des gaz, de la chimie fine des produits (géochimie), de la surveillance physique (géophysique). Certains aspects peuvent avoir des connexions intimes avec d'autres branches de la géologie : l'étude des déformations (tectonique), des eaux thermales (hydrologie), l'analyse d'images aériennes ou satellites (télédétection), des gisements (métallogénie)... La volcanologie apparaît vraiment comme une science pluridisciplinaire. Ainsi il est possible de travailler sur des volcans même sans être volcanologue à 100 %.*

Le métier demande d'alterner des périodes enthousiasmantes sur le terrain, où il faut accepter de vivre dans l'inconfort, et des périodes d'études plus austères en laboratoire. Une bonne santé est donc nécessaire mais nul besoin d'avoir le niveau d'un champion olympique ! Plutôt la tête et les jambes !

Mesure de la température des fumerolles sur l'Etna en septembre 1988.

> La vie a plus d'imaginations
> que n'en portent nos rêves.

Le volcan Fuego, toujours très actif, au Guatemala.

CHAPITRE 4

Chercheur débutant à l'université

Le 1er octobre 1977, je fais ma véritable entrée dans le monde professionnel. Je deviens membre du Laboratoire de pétrographie-volcanologie à l'université Paris-Sud Orsay. Cette université, située à une quinzaine de kilomètres au sud de Paris, est appelée aussi Paris XI, son numéro parmi les treize universités parisiennes. Son campus, « à l'américaine », occupe un vaste parc, riche en nombreuses espèces végétales et traversé par la petite rivière de l'Yvette.

De fait, j'occupe un poste d'assistant délégué, pour un an, éventuellement renouvelable. Mon détachement de l'enseignement secondaire vers l'enseignement supérieur a posé quelques problèmes administratifs et a pris un certain retard. Si bien que je suis parallèlement affecté pour cette rentrée scolaire comme professeur agrégé dans mon ancien lycée Emmanuel Mounier de Grenoble. Je fais quelques navettes entre les deux établissements et des visites au Secrétariat d'état aux universités (S.E.U.) à Paris et au rectorat à Grenoble, pour régler ma situation. Le lendemain du 11 novembre, je rentre à plein temps à Orsay.

Il me faut faire face à de multiples tâches nouvelles. Au début, je suis surtout accaparé par l'enseignement. Par exemple, je gère cinq groupes, d'une trentaine d'étudiants chacun, pour des séances de travaux pratiques de minéralogie. Je découvre la vie de laboratoire, mes nouveaux collègues de travail, les réunions de préparation pour l'enseignement et les stages… En juillet 1978, j'encadre un stage d'étudiants, pour établir une partie de la carte géologique de Mauriac, dans le grand strato-volcan du Cantal, disséqué par l'érosion.

Je dois envisager mon travail de recherches. Justement, un programme national, le P.I.R.P.S.E.V. (Programme interdisciplinaire de recherche pour la prévention et la surveillance des éruptions volcaniques), vient d'être créé, pour développer la recherche volcanologique française. Avec M. Brousse, nous proposons une étude du phénomène des « nuées ardentes ». Il s'agit d'émissions explosives et dirigées de nuages brûlants transportant des cendres et des blocs en suspension. L'ensemble, à une température de plusieurs centaines de degrés, se propage à des vitesses de

200 à 600 km/h, sur des distances de plusieurs kilomètres, parfois à contre-pente! Bien évidemment, ce phénomène constitue un risque volcanique majeur pour les sociétés humaines. Une nuée ardente émise par la montagne Pelée en Martinique a ainsi détruit la ville de Saint-Pierre et tué ses 28 000 habitants (excepté deux miraculés) en une minute, le matin du 8 mai 1902. Devant un événement d'une telle ampleur, toute fuite apparaît illusoire. La seule solution consiste en une évacuation préalable des populations, ce qui implique une surveillance constante, indispensable pour garantir une prévision fiable et une prévention maximum. Ce sujet volcanique me semble d'un grand intérêt à la fois du point de vue scientifique (comment un tel phénomène se déclenche-t-il?) que du point de vue humain (réduire le nombre des victimes, voire éviter totalement toute perte humaine, constitue aujourd'hui le challenge majeur de la volcanologie). Ce sera donc le thème de la thèse d'État que je dois commencer maintenant et qui me demandera plusieurs années d'études et de réflexion.

M. Brousse me confie alors l'énorme livre de 662 pages qu'Alfred Lacroix a écrit sur l'éruption meurtrière de la montagne Pelée en 1902. Je consacre plusieurs semaines à la lecture minutieuse de cet ouvrage de référence. Des photos, aux tons sépia, montrent la vie de l'époque avec les dames en chapeau et grande robe, les hommes arborant le casque colonial, puis la mort et la ville rasée. Les conditions d'études d'Alfred Lacroix étaient difficiles, bien différentes de celles d'aujourd'hui. Quand il apprend, par télégramme, la nouvelle de la catastrophe du 8 mai, suivie d'autres phases explosives les 20, 26 mai et 6 juin, il part, en bateau, le 9 juin et débarque le 23 juin en Martinique. Il y séjourne jusqu'au 1er août et regagne la métropole le 16 août. Informé alors de la phase éruptive majeure du 30 août, il décide de repartir, avec Madame Lacroix, pour un long séjour d'étude, qui durera du 1er octobre 1902 au 13 mars 1903.

Malgré des difficultés de tous ordres, Lacroix a réalisé de multiples observations d'un intérêt majeur, valables aujourd'hui encore. Il a notamment chronométré des nuées ardentes et a calculé à 500 km/h la vitesse de celle capable de renverser les 290 tonnes de l'énorme phare de la place Bertin. Ses croquis, réalisés avec l'aide du capitaine Perney, sont d'une précision extrême.

Je complète mes études bibliographiques par la lecture de tous les articles, la plupart en anglais, consacrés à ce type de dynamisme éruptif. Après cette première phase, il faut maintenant que je choisisse un terrain d'étude.

Un matin, le professeur Brousse arrive tout excité. Il tient le dernier rapport mensuel de l'activité volcanique mondiale, édité à Washington par le *Global Volcanism Network*. Trois volcans en activité au Guatemala y sont décrits, certains ayant déjà fait des nuées ardentes. Pas d'hésitation, il faut y aller! Sur l'atlas du monde, on découvre les contours de ce petit pays, situé dans l'isthme de l'Amérique centrale, au sud du Mexique, qui couvre une superficie égale au cinquième de celle de la France.

Je prépare activement cette mission. À l'ambassade du Guatemala à Paris, j'obtiens sur mon passeport un « visa de courtoisie », qui me facilitera les autorisations et les déplacements une fois sur place (les zones frontalières, militarisées sont particulièrement « sensibles »). J'arrive à me procurer quelques cartes. Je prends contact par courrier avec les responsables locaux afin d'obtenir le maximum de renseignements. J'apprends aussi quelques rudiments d'espagnol, la langue officielle du pays. Christian Lefèvre, un bon collègue du laboratoire, un peu plus âgé que moi et donc plus expérimenté, m'accompagnera. Je me réjouis de sa présence car c'est un ami que j'apprécie. Nous ne serons pas trop de deux pour cette expédition difficile. Il termine d'ailleurs sa thèse d'État sur le volcanisme récent du Pérou et ses connaissances seront précieuses.

Nous partons tous les deux fin novembre 1978. Il m'aura fallu attendre presque vingt-cinq ans, pour mon premier vol transatlantique, mais j'aurai par la suite l'occasion de me rattraper au centuple ! Courte escale à Houston, au Texas, puis arrivée à Mexico. Au crépuscule, notre taxi traverse cette mégapole interminable, colorée et bruyante. Le lendemain, nous sommes reçus par M. Jacques Butterlin, qui fut mon directeur à l'École normale supérieure de Saint-Cloud et qui occupe maintenant le poste de conseiller culturel et scientifique à l'ambassade de France à Mexico. Nous reparlons, bien sûr, des années d'école et nous lui faisons part de nos projets et de notre programme. Il nous écrit une lettre d'introduction pour son collègue et ami, M. Gabriel Dengo, responsable du service géologique centre-américain. L'après-midi, une visite à Teotihuacan s'impose. Du haut de la pyramide du Soleil, j'admire sa voisine, la pyramide de la Lune et l'ensemble de cet immense site archéologique précolombien, domaine du dieu Quetzalcoatl (le serpent à plumes), que je rêvais depuis longtemps de visiter un jour.

Pour la deuxième étape, nous, prenons, en fin d'après-midi, un vol de la compagnie locale Aviateca. Nous arrivons de nuit à Guatemala Ciutad, la capitale. Dès le lendemain, nous nous présentons à l'ambassade de France pour quelques formalités. En traversant la ville, nous voyons un peu partout les traces du tremblement de terre meurtrier du 4 février 1976 qui fit 22 879 morts. Nous partons ensuite pour Antigua Guatemala, « l'antique Guatemala », ancienne capitale, ravagée elle aussi par un séisme majeur en 1773 puis par d'autres. Les majestueux bâtiments de l'époque coloniale espagnole, lézardés et en partie effondrés, attestent de la grandeur puis de la décadence de la citée. Nous sommes déjà confrontés aux colères de la Terre. Surtout quand nous apprenons que, encore auparavant, la capitale était Ciutad Vieja, « la vieille ville », située non loin d'ici au pied du volcan Agua, et ensevelie sous des coulées boueuses en 1541. Ainsi, les trois capitales successives du pays ont souffert, chacune à leur tour, de catastrophes telluriques. Il faut dire que le Guatemala occupe une position géologique particulièrement instable, en bordure de la « Ceinture de feu du Pacifique » volcanique et traversée par la faille majeure Polochic-Motagua.

Antigua est dominée par l'imposant cône du volcan Fuego, qui culmine à 3 765 m au-dessus du plateau situé à environ 1 000 - 1 200 m, soit plus de 2 500 m de hauteur pour l'édifice volcanique. A notre arrivée, le volcan nous salue à sa façon, par l'émission d'un joli panache de cendres grises, démontrant son activité quasi continue en ce moment. De telles explosions se reproduisent tous les quarts d'heures en moyenne. Nous en percevons parfois le bruit sourd. Devant un tel monstre, on se sent impuissant. On ne sait pas trop par où l'aborder. Le plus simple est de remonter les importantes vallées rayonnantes, les *barrancas* ou *quebradas*, creusées par les cours d'eaux éphémères à la saison des pluies. Rapidement, ils déblayent les matériaux meubles et forment de véritables canyons encaissés, profonds de plusieurs dizaines de mètres. Il faut donc savoir en sortir avant d'en devenir prisonnier. Les risques d'éboulement y sont constants. Parfois, au contraire, nous marchons sur le « dos » d'une ancienne coulée de lave pétrifiée. Au fur et à mesure de notre progression, je note sur mon carnet de terrain la succession des formations volcaniques, témoins de l'histoire plurimillénaire du Fuego. Je commence ainsi à dresser une coupe synthétique, le « log » géologique de cet édifice stratifié et donc appelé « strato-volcan ». Nous prélevons aussi des échantillons que je numérote, avec l'initiale GUA pour Guatemala, successivement GUA1A, GUA1B... GUA1Z, puis GUA2A... ce qui me laisse suffisamment de possibilités. En ce qui concerne les laves, roches massives, nous en cassons un morceau d'une dizaine de centimètres de côté avec notre marteau de géologue, garanti incassable (effectivement je n'en ai jamais cassé un seul mais déjà perdu trois dont un à Kerguelen, futur fossile pour l'ère géologique à venir ?). Il s'agit de prélever le fragment le plus sain possible pour les analyses en laboratoire à venir, sans trace d'altération, ce qui implique qu'il faut ôter les parties superficielles. Parfois, pour un seul échantillon, il faut compter un bon quart d'heure et une centaine de coups de marteau. Pour les téphras, c'est-à-dire les produits volcaniques meubles (les cendres, les ponces), nous remplissons un sac en plastique résistant, d'une livre environ. Nous découvrons aussi un tronc d'arbre entièrement carbonisé au sein des dépôts, témoin d'une température de plusieurs centaines de degrés. Je le vérifierai en laboratoire par spectrométrie infrarouge. À ce rythme, le sac à dos s'alourdit très rapidement. Parallèlement, nous prélevons systématiquement des échantillons miniatures complémentaires : petits éclats de roches ou piluliers de cendres. Nous les ramènerons avec nous dans l'avion, en bagage de cabine car ils sont trop précieux et ils permettront de commencer immédiatement les premières études en France. Les gros échantillons suivront, par bateau, quelques semaines plus tard.

Chaque jour, nous partons le plus tôt possible, au lever du jour, pour profiter de la fraîcheur matinale. Nous progressons au maximum jusque vers deux heures de l'après-midi, sauf si notre chemin est barré par une falaise ou un précipice infranchissable. Partis de 1 000 mètres, nous arrivons ainsi vers 2 000 - 2 500 mètres d'altitude. C'est beaucoup mais ne correspond qu'à la moitié de l'édifice géant. Nous prenons une légère collation, lapons la dernière goutte d'eau de notre gourde. Puis nous redescendons, chargés d'un sac pesant souvent plus de vingt kilos. Un soir, sur le retour, nous rejoignons un groupe d'Indiens, portant d'énormes fagots de bois. Nous nous retrouvons mêlés à eux sur l'étroit chemin. Nous échangeons seulement quelques mots, mais nous nous comprenons car notre fatigue et la satisfaction d'une bonne journée de travail accompli sont les mêmes. Finalement, nous visitons et détaillons ainsi une demi-douzaine de *quebradas* (du nord au sud : San José et El Pajal, Honda, Las Lajas...). Le Fuego apparaît comme un volcan particulièrement explosif et présentant des risques importants.

Le volcan Santiaguito au Guatemala.

Le sommet en reste inaccessible, vu le dénivelé de l'édifice et la topographie très accidentée de ses flancs. En outre, comme il est en pleine activité, il serait fort dangereux de trop l'approcher actuellement. Par contre, un volcan jumeau, géant lui aussi et même légèrement plus élevé, l'Acatenango (3 976 m), semble plus accessible car en activité plus modérée, uniquement fumerollienne. Nous décidons de faire son ascension. Un Français, rencontré à l'Alliance française, devenu quasi guatémaltèque d'adoption, se joint à nous. Nous partons de l'altitude 2 370 m au petit matin. Au lever du jour nous découvrons une vue superbe sur la cordillère d'Amérique centrale, constituée d'une multitude de cônes volcaniques alignés. Pour le seul Guatemala, 324 volcans ont été répertoriés sur une longueur de 250 kilomètres ! Vers le sommet, le décor devient lunaire. De nombreux cratères perforent le sol brûlé. Nous découvrons alors le Fuego fumant, dont le sommet, légèrement en contrebas, est seulement distant de trois kilomètres. Son panache de cendres noires, de plus d'un kilomètre de haut, est très impressionnant.

Déjà un deuxième volcan actif nous attend : le Santa-Maria. Cet énorme édifice culmine à 3 789 mètres. Une formidable explosion en a pulvérisé tout le flanc sud-ouest en octobre 1902, laissant une importante dépression appelée « caldeira », en forme de fer-à-cheval. À partir de 1922, un petit dôme de lave visqueuse dacitique, le Santiaguito, s'est mis à croître dans cette caldeira. Aujourd'hui, il culmine à 2 500 m soit 300 m de hauteur pour le dôme lui-même. Toute l'activité du complexe volcanique y est concentrée. Régulièrement, il libère des nuées ardentes.

Dans la forêt tropicale, au détour d'un chemin, nous découvrons sa silhouette inquiétante. Il semble fendu en deux. Par l'échancrure, à intervalles de temps irréguliers, vapeurs et cendres sortent en tourbillonnant. Le dôme semble prêt à exploser à tout moment et à libérer toute l'énergie emprisonnée. Pour s'en approcher, il faut franchir le canyon du Rio Conception sur un pont suspendu d'une trentaine de mètres de long mais si étroit que deux personnes ne peuvent y avancer de front. Le « tablier » est constitué de planches en bois mais il en manque un bon nombre et celles qui subsistent semblent dangereusement vermoulues. Nous progressons donc avec précaution, d'une planche à l'autre, au-dessus du vide, en nous agrippant aux câbles latéraux. Au fur et à mesure de notre avancée, le pont oscille de façon de plus en plus inquiétante et c'est un réel soulagement d'atteindre l'autre rive. Nous prélevons les premiers échantillons de dépôts pyroclastiques, résultant de dynamismes explosifs. Un bruit (d'explosion ?) nous fait alors sursauter : le volcan va-t-il émettre une nuée ardente ? Puis tout semble rentrer dans l'ordre.

Le retour est encore plus mouvementé. Tout d'abord il nous est impossible de retrouver l'amorce du fameux pont dans cette forêt exubérante. Pourtant, avec mon altimètre, je sais de façon assez précise où il doit se trouver. Nous faisons à plusieurs reprises demi-tour, sans succès. La providence nous sort de ce mauvais pas en la personne d'une Indienne que nous croisons et qui nous remet dans la bonne direction. Aujourd'hui encore, je me demande ce qu'elle pouvait bien faire là, si loin de tout ! Nous reprenons la voiture pour rentrer à Quetzaltenango. La route par laquelle nous sommes venus est maintenant barrée par un véritable mur de terres et de rochers : un glissement de terrain, un *derrumbe*, s'est produit, qui explique le bruit inquiétant entendu dans l'après-midi. Une voiture avec ses trois

Retour délicat du Santiaguito, par un pont suspendu.

occupants a été ensevelie. Les voyageurs quittent les cars pour franchir l'obstacle à pied et reprendre les véhicules bloqués de l'autre côté. Nous n'avons pas le choix, il nous faut faire demi-tour. Nous repérons sur notre carte un itinéraire possible. Nous nous embarquons pour un détour de plus de cent kilomètres par une petite route qui se transforme en chemin de terre tout juste carrossable. Il nous faut franchir un col élevé sous l'orage qui menace. Nous arrivons malgré tout, de nuit, à bon port.

Nous avons décidé d'accéder au sommet du dôme. José Perez-Lopez, qui connaît bien le site, accepte de nous guider. Romeo, un guatémaltèque qui apprend le français, souhaite nous accompagner. Rendez-vous est fixé le lendemain matin, à trois heures. Nous partons à pied de l'altitude 2 600 m. Il faut d'abord monter sur le Santa-Maria, jusqu'au « Mirador » à 2 800 m, puis descendre sur le flanc détruit en 1902 jusqu'à 2 000 m. Ensuite seulement, nous entamons la montée du dôme proprement dit, jusqu'à 2 500 m. Au sommet, au milieu des fumerolles, nous découvrons son profil complètement déchiqueté par de multiples aiguilles de lave, qui se sont successivement dressées. La roche est localement vacuolaire, ponceuse, témoin de la richesse en gaz du magma. Par endroits, au contraire, c'est presque une obsidienne parfaitement vitreuse. Il faut songer à redescendre. Le plus dur sera ensuite la remontée, de 800 mètres de dénivelé jusqu'au Mirador. Chargés au maximum, nous dérapons sur les dalles de lave solidifiée ou bien nous nous enfonçons dans les cendres. Depuis longtemps nous n'avons plus rien à boire. Nous atteignons enfin le Mirador, complètement épuisés. Nous nous partageons le dernier morceau de pain et nous nous laissons descendre comme des automates jusqu'à notre véhicule. Nous sommes couchés après minuit. Notre journée a commencé il y a presque 24 heures.

Je fais la connaissance de Stanley Williams, un volcanologue américain de mon âge, qui commence comme moi une thèse (Ph. D. aux États-Unis). C'est le début d'une longue amitié, qui se poursuit, rythmée par nos rencontres lors des différents congrès scientifiques. J'ai été très inquiet quand j'ai appris, en janvier 1993, qu'il faisait partie de l'équipe de volcanologues surpris par une violente éruption phréatique (explosion due à l'eau qui se vaporise soudainement) du Galeras en Colombie. Grièvement blessé, il a miraculeusement survécu mais nous avons perdus plusieurs de nos collègues ce jour-là.

Pour rejoindre notre troisième volcan, le Pacaya, nous passons par le lac Atitlan, entouré de cônes volcaniques qui s'y reflètent. C'est, dit-on, le plus beau lac du monde…

Devant le cône du Pacaya au Guatemala.

Le Pacaya, plus petit, mesure 2 552 m d'altitude. Comparé au Fuego et au Santiaguito, il semble presque gentil. De forme régulière, son cône, « fume » tranquillement : ce panache blanc de vapeur d'eau semble, pour l'instant, tout à fait inoffensif. Les nombreuses coulées de lave pétrifiées qui s'en échappent, attestent de son dynamisme essentiellement effusif. Leur surface, chaotique, apparaît typique des coulées « aa », terme hawaiien désormais retenu au niveau international. La roche, basaltique, contient de gros cristaux (« phénocristaux ») de plagioclases blancs, parfois transparents comme des gemmes, des olivines vertes, des clinopyroxènes et des oxydes ferro-titanés noirs. Son ascension ne pose pas de problème majeur. Dans ce secteur, on peut se livrer à la géologie dans des conditions qui nous semblent maintenant faciles. Un dôme coalescent, le Cerro Chiquito, m'apparaît formé de deux types de laves. Voici une belle illustration du mélange de magmas ou *magma mixing*. Il faudra étudier en détail le contenu minéralogique de chacune des laves pour essayer de comprendre la genèse du dôme.

Cela fait maintenant plus d'un mois que nous séjournons dans ce pays, petit mais si attachant, aux paysages extrêmement variés, depuis les luxuriantes forêts tropicales du Nord, au bas rivages marécageux à l'Est près de la mer des Caraïbes, des hauts plateaux du centre jusqu'à la majestueuse chaîne volcanique de l'Ouest, le long du Pacifique. Le bilan de notre mission est extrêmement positif. Après toutes ces aventures communes, Christian Lefèvre est devenu, définitivement, un véritable ami. Nous avons récolté 400 kg d'échantillons. Pour les transporter, il reste à trouver des caisses, que nous dénichons sur le marché. Nous les remplissons sur place et en clouons les couvercles devant un attroupement de badauds dubitatifs. Puis nous négocions le retour de l'ensemble. Les Transportes San Ramon acceptent

Le cratère du Stromboli, dans les îles Eoliennes en Italie.

d'acheminer le tout en camion jusqu'à Santo Tomas de Castilla, près de Puerto Barios, principal port du golfe du Honduras, sur la mer des Caraïbes. Nous déclarons cinco cajas de madera contenida muestras de rocas volcanicas (« cinq caisses de bois contenant des échantillons de roches volcaniques »), sans omettre de préciser sin valor commercial. Elles transiteront jusqu'au Havre, parmi d'énormes containers de plusieurs dizaines de tonnes de café. Le trajet Le Havre - Orsay me coûtera ensuite plus cher que le bateau transatlantique ! En souvenir de cette expédition, je ramène une jolie hache maya en jadéite polie et la statuette d'un petit singe guatémaltèque, sculpté dans l'andésite volcanique locale. L'avion du retour, qui a dû se poser à Dallas à cause des mauvaises conditions météorologiques régnant à Houston, prend du retard. J'atterris à Paris-Roissy la nuit du 24 décembre, peu avant minuit. La tête pleine d'images qui se bousculent, en plein décalage horaire, je passe mon Noël le plus étonnant.

De retour au laboratoire d'Orsay, je dois mettre mes notes au propre. Je confie mes fragments de roches à notre « litholamelleur », qui confectionne des lames minces de 30 microns d'épaisseur seulement avec une marge d'erreur inférieure à dix pour cent ! L'observation de ces lames, devenues transparentes, sous un microscope polarisant, permet la détermination des minéraux constitutifs. Il me faut aussi rédiger mon rapport scientifique. En fait, je suis étonné par la coexistence de ces trois volcans actifs, voisins mais si peu semblables. En effet, bien que situés dans le même contexte géodynamique de subduction (la plaque Cocos plonge sous la plaque Caraïbe à la vitesse relativement importante de 9 cm par an), ils présentent des dynamismes éruptifs bien différents. Le Pacaya, assez calme, produit des coulées de lave et éjecte des bombes incandescentes (type strombolien), le Fuego libère des cendres en abondance (type vulcanien), alors que l'ensemble Santa-Maria - Santiaguito émet des nuées ardentes (type péléen). Les causes doivent être multiples. Il peut s'agir de phénomènes profonds : existe-t-il une chambre magmatique ? De quel volume ? Quels sont les processus de cristallisation qui s'y déroulent ? Peut-être différents magmas s'y mélangent-ils ? Mais des raisons plus superficielles peuvent aussi intervenir : l'eau ou d'autres fluides jouent-ils un rôle ? Quelle est la résistance du « bouchon » ?

La septième réunion annuelle des sciences de la Terre doit se tenir à Lyon du 23 au 25 avril 1979. C'est l'occasion de présenter les premiers résultats de ces réflexions devant la communauté scientifique française.

Auparavant, début avril, j'ai profité des vacances de Pâques pour visiter, avec mes amis étudiants, en thèse au laboratoire, les volcans célèbres italiens : l'Etna bien sûr, puis les îles Eoliennes (Vulcano, Lipari, Stromboli), pour finir par le Vésuve. J'apprends sur place que la Soufrière de Saint-Vincent aux Antilles vient d'entrer en éruption, le vendredi 13 avril exactement.

Explosion nocturne au Stromboli.

À mon retour, je reçois un appel téléphonique de Michel Treuil, le directeur du programme P.I.R.P.S.E.V. Il me propose de partir à Saint-Vincent pour expertiser l'éruption. Ceci s'inscrit parfaitement dans le cadre de ma thèse. L'arc antillais est en effet constitué d'un chapelet d'îles volcaniques. Chacune renferme un volcan régulièrement actif, explosif et dangereux, appelé Soufrière, soit, du nord au sud : Montserrat, Guadeloupe, Dominique, Sainte-Lucie, Saint-Vincent. Seule la Martinique fait exception car son volcan s'appelle la montagne Pelée.

Je m'envole fin avril, juste après le congrès de Lyon. Je dois m'arrêter d'abord en Martinique, pour y retrouver Georges Boudon, qui arrivera de Guadeloupe, où il effectue son temps d'obligations militaires, comme « Volontaire aide technique ». Je loge à l'observatoire volcanologique du morne des Cadets, édifié à la demande d'Alfred Lacroix, face à la montagne Pelée. Quelle émotion de se retrouver devant ce fameux volcan, sur les traces du grand pétrographe ! Nous partons ensuite, Georges et moi, dans un petit avion DC 3, qui fait des « sauts de puce » d'île en île, et nous atterrissons à Saint-Vincent.

Cette île, comme toutes les autres colonisées jadis par les Anglais, est restée très sauvage : maisons en bois, routes en terre battue. Dans le petit hôtel Haddon, que nous a conseillé le chauffeur de taxi, nous avons la surprise de rencontrer Katia Krafft. Dès qu'elle a appris la nouvelle de l'éruption, elle s'est dépêchée de venir sur place, accompagnée d'un cameraman. Son époux Maurice, retenu par son cycle de conférences, n'a pas pu l'accompagner et je l'imagine bien en train de fulminer. Immédiatement, nous faisons équipe à quatre, partageant les repas et, quand cela s'avère possible, harmonisant nos programmes sur le terrain. Toute la partie nord de l'île est recouverte d'un linceul gris de cendres fines. Les arbres ont perdu leurs feuilles, leurs palmes, leurs fruits : une véritable catastrophe agricole. Mais, fort heureusement, les scientifiques du « Seismic Research Unit », basé à Trinidad, ont enregistré à temps des séismes suspects issus de la Soufrière. Ils ont pu alerter le Premier ministre de l'île, qui a décidé, dans la nuit du 12 au 13 avril, d'évacuer toute la population menacée. L'éruption annoncée débute le vendredi 13, à quatre heures du matin. Les 22 000 personnes déplacées sont toutes saines et sauves. Certaines logent chez des amis, d'autres dorment dans l'église, réaménagée en dortoir de fortune. Les enfants, insouciants, profitent de vacances inespérées.

Des nuées ardentes se sont succédé dès le début de l'éruption, les 13, 14, 17 et 22 avril. Elles sont émises à partir d'un cratère largement ouvert, puis se dispersent latéralement dans les vallées rayonnantes. La Soufrière de Saint-Vincent avait déjà été le siège d'une éruption accompagnée de telles nuées ardentes le 7 mai 1902, la veille de la catastrophe de la Pelée. Elle avait fait 1 565 morts. Par la suite, le volcanologue américain Macdonald a proposé un type Saint-Vincent dans sa classification des nuées ardentes publiée en 1972 dans son célèbre ouvrage *Volcanoes*.

J'ai l'opportunité unique de prélever des échantillons de nuées ardentes immédiatement après leur mise en place et donc parfaitement datés. Plus tard, les dépôts, remaniés par le vent et la pluie, deviendront impossibles à distinguer les uns des autres. Nous décidons d'explorer la côte ouest et plus particulièrement l'embouchure des vallées : Wallibou, Larikai et Baleine Rivers. Sur la carte, nous

Jacques-Marie Bardintzeff échantillonne des cristaux de soufre à Vulcano (îles Eoliennes, Italie).

découvrons une crique perdue, baptisée Petit bordel Bay: les Français, anciens occupants de l'île, ont manifestement laissé quelques souvenirs!

Il faut aussi s'habituer à rouler à gauche de la route. Puis nous partons à pied, sur la plage de sable fin bordant la mer des Caraïbes. La Soufrière semble toujours menaçante. La plupart du temps, elle reste dans les nuages au grand désespoir de Katia Krafft, qui décide de rester sur place pour essayer de filmer quelques séquences. Pour notre part, nous continuons et nous franchissons les petites rivières Wallibou et Roseau. Puis la plage se rétrécit entre la mer et les contreforts du volcan. Elle est maintenant constituée de gros galets noirs d'origine volcanique, parsemés de quelques fragments blancs, coralliens. Un arbre mort nous barre la route et, marchant en tête, je m'apprête à le franchir. Je recule brusquement, percutant Georges qui me suivait et qui se demande bien ce qui m'arrive. Une branche de l'arbre a bougé! Un serpent de deux mètres de long, un cobra, se

dresse, gueule ouverte, très mécontent de voir des intrus sur son territoire. Nous l'observons prudemment, à plusieurs mètres, ne sachant que faire car il n'y a pas d'autres chemins possibles. Nous prenons une décision difficile, celle de le tuer en lui jetant des pierres : c'est la seule fois de ma vie que j'ai nui intentionnellement à un animal. Cet épisode nous refroidit. D'autant plus que maintenant, après « Morne Ronde », il faut passer par la forêt. La cendre tombe des arbres et s'infiltre partout dans nos vêtements. Pourvu que d'autres serpents ne nous attendent pas sur notre passage, cachés dans les arbres ! Nous arrivons tant bien que mal à Larikai Bay. À l'embouchure, située à quatre kilomètres du cratère à vol d'oiseau, les dépôts de nuées ardentes mesurent entre un et deux mètres d'épaisseur et forment une petite falaise. Selon des témoins, la nuée principale, celle du 14 avril, a parcouru plusieurs kilomètres dans la mer. Nous faisons nos prélèvements mais il est déjà tard et il faut penser au retour. Nous retrouvons Katia, toujours souriante, qui nous explique qu'elle a pu réaliser quelques dizaines de secondes de film. Nous lui racontons à notre tour nos aventures.

Nous voudrions remonter assez haut dans la vallée de Larikai mais il nous apparaît clairement que c'est chose impossible en une seule journée, en plus d'un aller-retour à pied. Le lendemain, nous tentons de négocier avec des pêcheurs pour qu'ils nous emmènent en bateau. Mais, voulant profiter de la situation, ils nous demandent un prix décidément trop énorme. Déçus, nous repartons à pied, pensant revivre une nouvelle galère. Quand, plus loin, nous apercevons de petites barques et leurs occupants en train de poser des filets. Nous leur faisons signe et essayons de leur expliquer notre problème. L'un d'entre eux accepte de nous prendre à bord. Nous grimpons dans sa « coque de noix », un à l'avant, l'autre à l'arrière, répartissant nos deux sacs à dos pour équilibrer l'embarcation. Notre pilote tient les deux avirons. Il m'explique par signes comment écoper avec une demi-noix de coco vidée, car la barque fuit. Nous devons franchir une petite pointe avec quelques récifs, battue par les vagues. La ligne de flottaison semble s'enfoncer de plus en plus. Nous admirons les fonds

Fleurs de soufre à Vulcano.

marins à travers plusieurs mètres de mer fabuleusement limpide. Lentement mais sûrement, au rythme des coups de rame, nous approchons du but. Nous remettons à notre sauveur, la moitié du prix convenu et raisonnable. Et nous lui faisons promettre de revenir nous chercher à quatre heures de l'après-midi. Mais a-t-il bien compris ? Désormais les dés sont jetés : il faut remonter Larikai River. Nous imprimons nos traces de pas sur la cendre de ce sol vierge, où les troncs d'arbres arrachés par les nuées, gisent pêle-mêle. Les dépôts, constitués d'une matrice cendreuse fine emballant des blocs pluridécimétriques (on dit que la granulométrie est hétérogène), sont encore brûlants : un spectacle de désolation. Au début, l'appréhension nous oppresse quelque peu : et si une nouvelle nuée surgissait ? C'en serait fini de nous. Puis, rapidement, l'esprit occupé par nos observations et nos prélèvements, nous n'y pensons plus.

Lorsque nous redescendons jusqu'à l'embouchure, nous apercevons déjà notre petit bateau qui arrive du large. Puis nous distinguons le grand sourire qui éclaire le visage de notre complice sous son bonnet de laine. Il accepte de nous conduire encore plus loin jusqu'à « Trois Loups Bay », le bout du monde !

Avec Katia, nous programmons une montée au sommet du volcan, qui culmine à 1 220 mètres, en espérant que la série de nuées ardentes est maintenant terminée. Nous sommes le 7 mai, précisément le jour de l'anniversaire de l'éruption de

Au bord du cratère (diamètre d'environ 1,6 km) de la Soufrière de Saint-Vincent, lors de son éruption d'avril-mai 1979. Un nouveau dôme est apparu.

1902. Nous partons par l'est, remontant la vallée de Rabacca River. Des arbres sont cassés net à un mètre du sol, au niveau où les nuées ardentes ont atteint une force maximale. Tout en grimpant, j'essaye d'estimer certains paramètres éruptifs. Les retombées de cendres ont recouvert l'ensemble du massif. Avec un mètre de couturière, j'en mesure l'épaisseur en différents points. Ceci permettra de tracer ensuite les isopaques, lignes d'égale épaisseur, formant idéalement des cercles concentriques autour du cratère mais le plus souvent des ellipses à cause de la dispersion par les vents dominants. L'épaisseur moyenne des retombées passe de 5 cm, près de la côte, à 30-40 cm près du cratère. En revanche, les dépôts de nuées ardentes, canalisés par les vallées, atteignent plusieurs mètres d'épaisseur. À 1,5 km du cratère, une bombe, de 50 cm de diamètre, gît encore au centre de son cratère d'impact de 2 m de diamètre et de 50 cm de profondeur. L'application de formules théoriques balistiques permettra d'estimer sa vitesse d'éjection initiale à 180 m par seconde, plus de la moitié de la vitesse du son, et sa vitesse d'impact à 90 m par seconde.

Nous arrivons au bord du cratère actif, béant. Son diamètre atteint 1,6 km, pour une profondeur de 180 m. Surprise ! Un petit dôme de lave visqueuse, tout rond, a surgi en son centre. Son diamètre ne doit pas excéder 150 m pour une hauteur d'une cinquantaine de mètres. Des gaz bleutés, toxiques, essentiellement du dioxyde de soufre, s'en dégagent, alors que des fumerolles blanches de vapeur d'eau s'échappent de fissures rayonnantes tout autour. L'ancien lac, vaporisé lors de l'éruption, se réduit à une mare d'eau sale en forme de croissant.

Un bloc de plusieurs tonnes se détache du sommet du dôme, se fracasse en s'éboulant et révèle son intérieur de lave incandescente, couleur rouge cerise. La Soufrière semble entrer dans une nouvelle phase effusive, plus calme. L'alternance des styles explosif / effusif est assez classique, le second succédant au premier lorsque la majorité des gaz a été libérée. Mais lors des trois éruptions précédentes, en 1718, 1812 et 1902, les dômes n'avaient surgi que 60 à 70 ans après. Cette fois ci, quelques jours ont suffi.

À l'observatoire de Belmont, nous rendons visite à l'équipe anglo-saxonne responsable de la surveillance du volcan. Nous sommes cordialement reçus par John Tomblin et Willy Aspinal, qui nous proposent de remonter avec eux jusqu'au cratère. Au total, nous monterons au cratère quatre fois en neuf jours, pour suivre l'évolution de ce dôme, qui ne cesse de croître. Il atteindra, au mois d'octobre de la même année, 133 m de haut et presque 900 m de diamètre ! C'est ainsi que je le reverrai, neuf ans plus tard, en 1988, déjà couvert de végétation.

En définitive, j'ai vécu pour la première fois l'expérience unique de suivre une éruption, heureusement sans victimes. J'en ai acquis de très précieuses connaissances scientifiques. Avec Georges, nous présentons une première note à l'Académie des sciences, soumise à Jean Wyart, un des grands minéralogistes français, mon ancien professeur de licence. Ce travail formera aussi la base de ma thèse d'État débutante, John Tomblin me faisant l'honneur d'être membre du jury. Cette éruption constituera aussi une référence pour mes futurs écrits.

ENCADRÉ 6

Les grandes éruptions

Des éruptions cataclysmales se sont produites sur la Terre, dans le passé ou plus récemment. Il faut bien comprendre que le nombre des victimes ne traduit pas seulement la violence de l'éruption mais dépend aussi de facteurs démographiques (une éruption majeure en milieu désertique ne fait aucune victime).

Des éruptions anciennes ont laissé des dépôts d'un volume de plus de 1 000 km^3.

***Par exemple, à Yellowstone**, dans l'ouest des États-Unis, trois éruptions majeures ont eu lieu : il y a 2,1 millions d'années (2 160 km^3 de téphras libérés), puis 1,3 million d'années (300 km^3) et enfin 630 000 ans (1 000 km^3).*

*Il y a 75 000 ans à **Toba** (Sumatra, Indonésie) une éruption de ce type a produit 13 600 km^3 et laissé une caldeira de 100 km sur 30, la plus grande du monde.*

Mais on ne connaît pas d'éruptions récentes aussi importantes.

***L'éruption de Santorin**, île grecque de la mer Egée, a produit, vers 1610 av. J.-C., 123 km^3 et a recouvert, sous les ponces, le site archéologique d'Akrotiri, ville minoenne. Aucun cadavre n'a été retrouvé ce qui prouve que les habitants ont probablement pris la fuite (en bateau ? Mais jusqu'où ?). La légende de l'Atlantide, continent mythique disparu sous les flots, pourrait relater en partie cet événement dramatique.*

***L'éruption du Vésuve**, en 79 apr. J.-C., les 24 et 25 octobre, a détruit les villes de Pompéi, Herculanum et Stabies. On pense qu'il y a eu 2 000 à 2 500 morts à Pompéi, sur les 20 000 habitants de l'époque. La colonne éruptive est montée à 32 km de hauteur.*

Depuis 1 700, les statistiques sont relativement fiables. 27 éruptions ont fait plus de 1 000 morts chacune. Au total, on dénombre pour les trois derniers siècles 265 000 morts à cause des volcans.

Citons quelques-unes de ces catastrophes :

*– **Le Laki** en Islande a vomi 15 km^3 de lave entre juin 1783 et février 1784 : 9 336 morts.*

*– **Le Tambora**, en Indonésie, a fait la plus importante éruption historique du 5 au 11 avril 1815, libérant 110 km^3 de matériaux volcaniques, faisant entre 60 000 et 92 000 morts (12 000 directement et les autres du fait de la famine qu'il a provoqué).*

*- **Le Krakatoa**, dans le détroit de la Sonde en Indonésie, a provoqué un tsunami, le 27 août 1883, qui a noyé 36 417 personnes à Java et Sumatra, distantes d'une quarantaine de kilomètres.*

*– **La Soufrière de Saint-Vincent**, aux Antilles, fait 1 565 morts le 7 mai 1902.*

*– **La montagne Pelée** voisine, en Martinique, libère une nuée ardente le lendemain, 8 mai 1902 (28 000 morts), puis une autre le 30 août (1 000 morts).*

*– Cette même année 1902, le **Santa-Maria** au Guatemala fait 6 000 morts.*

*– **Le Kelut**, en Indonésie, provoque des coulées boueuses (lahars) par rupture des parois du lac de cratère en 1919 : 5 110 morts.*

*– **El Chichon**, au Mexique, 28 mars - 4 avril 1982, 1 700 morts.*

*– **Le Nevado del Ruiz**, en Colombie, le 13 novembre 1985 : 25 000 morts par lahars.*

*– **Le lac Nyos** au Cameroun le 21 août 1986 : 1 746 personnes asphyxiées par du gaz carbonique.*

*– **Le Pinatubo**, aux Philippines, a fait en juin 1991 la plus importante éruption du XXe siècle, du point de vue du volume (environ 10 km^3) et de l'énergie libérés, de la hauteur de la colonne éruptive (40 km). Mais une bonne gestion de la catastrophe a permis d'en minimiser le nombre de morts, qui s'élève tout de même à plusieurs centaines, dont une grande partie des suites de maladies.*

*– **La Soufrière de Montserrat**, aux Antilles, a fait une éruption importante en 1995. La moitié sud de l'île (dont la capitale Plymouth) a été recouverte de cendres. 8 000 évacués, 20 morts. L'éruption s'est terminée en 2013.*

*– **Le Chaiten**, au Chili, est entré brutalement en éruption le 2 mai 2008, après un sommeil de plus de 9 400 ans. Le panache a atteint une hauteur de 30 km et des cendres ont atteint Buenos Aires en Argentine. La ville de Chaiten a été recouverte de cendres puis de lahars. Un mort.*

*– **Le Sinabung**, en Indonésie, a libéré de nombreuses nuées ardentes entre 2013 et 2018, qui ont fait plusieurs dizaines de morts.*

*– **L'éruption sous-marine du Hunga Tonga-Hunga Ha'apai** (archipel des Tonga), le 15 janvier 2022, a émis un panache de cendre jusqu'à une hauteur record de 57 km ; des tsunamis associés ont fait 5 morts et causé d'énormes dégâts matériels.*

Le cratère du Pinatubo aux Philippines renferme un lac d'acide.

L'année suivante, en 1980, deux autres volcans mythiques à nuées ardentes, parmi les plus actifs de la planète, sont à mon programme : l'Arenal au Costa Rica, au printemps, et le Merapi en Indonésie, en été.

Le Costa Rica, la « Côte riche », est un petit pays où les gens semblent heureux de vivre. Les volcans abondent, débordant d'activité. Du nord au sud, on peut signaler le Rincon de la Vieja, le Miravalles, l'Arenal, le Poas, l'Irazu et le Turrialba. Je visite l'Irazu, qui a recouvert de cendres la ville de Carthagène en 1963, puis le Poas, dont le cratère renferme un lac d'acide. Mais l'Arenal, bien que de taille relativement modeste, apparaît de loin le plus dangereux. Les 29 et 31 juillet 1968, une éruption à nuées ardentes a fait 81 morts. Depuis, il est en activité quasi continuelle.

Nous avons le plaisir de collaborer avec des géologues costariciens, notamment Jorge Barquero et Eduardo Malavassi. Nous prenons nos quartiers à La Fortuna, petit village au pied du volcan, digne d'un western, avec ses maisons et son église en bois. Nous logeons dans une sorte de ranch. Le dôme actif, qui culmine à 1 522 mètres, reste la plupart du temps caché par une importante nébulosité. Y grimper est difficile à cause du brouillard moite et des gaz volcaniques. La sueur coule sous le masque à gaz et pique les yeux. À deux mètres, nous distinguons à peine les silhouettes de nos compagnons. En fin de journée, les sacs à dos se

ENCADRÉ 7

Roches et minéraux du volcanisme

Lorsqu'elle ne contient pas de minéraux visibles à l'œil nu, une roche volcanique est dite aphyrique. Dans le cas contraire, elle est porphyrique.
La lave la plus fréquente est le basalte, roche noire. Les minéraux en sont des olivines, vertes, des pyroxènes et des oxydes de fer-titane, noirs, et des plagioclases, blancs.
D'autres roches volcaniques sont grises (andésites) ou presque blanches (trachytes). Apparaissent alors d'autres minéraux : des amphiboles et des micas, noirs, puis des sanidines, blanches.
Les rhyolites, claires, blanches parfois vert pâle ou roses, contiennent du quartz translucide. La variété obsidienne, entièrement vitreuse, est complètement noire. Les phonolites, claires, avec des feldspathoïdes blancs parfois bleus, se débitent souvent en dalles, qui résonnent quand on les casse au marteau, d'où le nom de la roche.
Les téphras sont des roches volcaniques fragmentées (bombes ou cendres), parfois rougeâtres et vacuolaires (scoriacées).

Jacques-Marie Bardintzeff échantillonne les nuées ardentes du volcan Arenal au Costa Rica (janvier 1997).

révèlent perforés par les gaz acides et leurs boucles métalliques complètement oxydées. Le dernier jour de la mission nous avons pourtant de la chance : le volcan est clair. Nous pouvons atteindre le lobe de lave actif. Il s'agit en fait d'une « coulée à blocaux ». Visqueuse, elle progresse lentement, comme une chenillette, par éboulement successifs de blocs, qui roulent les uns sur les autres. Quand ceux-ci se cassent, ils révèlent leur intérieur encore en fusion. Ce dynamisme ne présente pas un risque majeur actuellement mais l'écroulement de l'ensemble du dôme peut provoquer de dangereuses « nuées ardentes d'avalanches ». Près du front de coulée, la chaleur est insoutenable.

En redescendant, nous prenons un bain bien mérité dans le Rio Tobaccon, où des sources thermales forment de petites piscines naturellement chauffées par le volcan.

L'Indonésie, archipel de plus de 17 000 îles dont 5 000 seulement portent un nom, est un véritable paradis pour la volcanologie. Pas moins de cent volcans actifs, et si différents, y ont été répertoriés. Ce paradis peut devenir un enfer comme en témoignent des éruptions dramatiques.

Notre but est un volcan très actif et dangereux, le Merapi, « la montagne de feu », qui, du haut de ses 2 911 mètres, domine la ville de Jogjakarta. Nous rejoignons celle-ci par le train, de la capitale Djakarta, *via* Bandung. Partis à 6 heures du matin, nous n'arrivons que le lendemain vers 4 heures : une journée et une nuit pour faire 500 km. Mais nous avons admiré les rizières étagées d'un vert superbe et dégusté dans le train le meilleur *nasi goreng* (riz grillé) d'Indonésie.

Avec l'accord du chef du village, nous nous installons à Jurangjero, à 800 m d'altitude, là où se situent les dernières habitations sur ce flanc sud-ouest du Merapi. Les enfants écarquillent des yeux en nous voyant monter nos tentes si rapidement. Le soir, nous leurs chantons des chansons françaises, qui alternent avec les chants de leur pays. Nous nous familiarisons d'ailleurs assez vite avec l'indonésien, langue très simple : les verbes, toujours à l'infinitif, ne se conjuguent pas : makan pour manger, minum pour boire ; on double le nom pour le pluriel : orang orang signifie « des hommes ». Chaque jour, nous étudions en détail la répartition des dépôts volcaniques : retombées de cendres, nuées ardentes ou bien encore des coulées boueuses appelées ici « lahars ». Ce terme indonésien est maintenant adopté par tous les volcanologues. Les différents types de dépôts témoignent de l'activité variée du volcan au cours des derniers siècles. Une bombe volcanique, craquelée, de 100 m3, atteste de l'énergie qu'il est capable de libérer.

Pour atteindre le sommet, il faut dormir à Selo pour partir de l'autre face, au nord. La caravane, avec une dizaine de porteurs, s'ébranle, au petit matin. Nous emportons des vivres pour trois jours. La montée se fait en cinq heures. Au sommet, une petite plate-forme permet juste l'installation du campement. Nous dominons les environs et pouvons nous rendre compte de la densité des volcans : le Merbabu, voisin un peu plus élevé (3 145 m) superbement éclairé par le soleil, l'alignement constitué par le Sumbing, le Sundoro et le plateau de Dieng.

Le dôme du Merapi croît continuellement dans une dépression en fer à cheval et s'éboule régulièrement. Pour le traverser, nous progressons de bloc en bloc et, sous nos pieds, des craquements et des bruits évoquent de la vaisselle cassée : le dôme est vraiment vivant. Sur la lèvre sud, deux champs fumerolliens, Gendol et Woro, libèrent, par de petits orifices, des gaz sous pression. Les thermocouples affichent entre 800 °C et 900 °C. Il s'agit de ne pas mettre le pied dessus.

Mais, dès trois heures de l'après-midi, la température de l'air baisse, puis la luminosité également. La nuit tombe toujours vite sous l'équateur et nous sommes par 7° de latitude sud. Nous nous installons près des fumerolles. Le volcan nous regarde de ses multiples yeux rouges et ronds d'étonnement, autant d'orifices de libération des gaz. Le visage nous brûle alors que nous sentons dans le dos l'air glacé. En revanche, après le repas, il est commode de se débarrasser de tous les détritus, qui disparaissent, consumés en une seconde dans une des gueules du volcan. Finalement, les veillées sont plutôt sympathiques.

En contrebas, sur le plateau de Dieng, des sources et des lacs prennent des couleurs étonnantes, allant du rouge au vert selon le degré d'oxydation du fer. Des nuages lourds de gaz carbonique, incolore, inodore mais toxique à forte concentration, y ont asphyxié des personnes à plusieurs reprises. Selon certains textes, le temple de Borobudur, une huitième merveille du monde, construit en pierre volcanique (de l'andésite), aurait été détruit par des séismes et enseveli par le volcan en l'an 1006, signifiant la fin du bouddhisme. Le phénomène fut probablement moins brutal mais aujourd'hui l'Indonésie est le plus grand pays musulman du monde.

Je dois alors rentrer rapidement en France pour honorer mes obligations militaires.

Le dôme sommital du Merapi à Java en Indonésie. À l'arrière-plan, on distingue, de gauche à droite, les volcans Sumbing et Sundoro et le plateau de Dieng

> Je voyais des nuages,
> et leur ombre légère projetée
> sur la Terre, si chère
> et si lointaine…
> On voyait nettement la
> courbure de notre planète.
>
> Youri Gagarine, *Le chemin du Cosmos*

Sur l'aéroport de Lyon-Corbas, au cours de ma préparation militaire parachutiste en septembre 1980

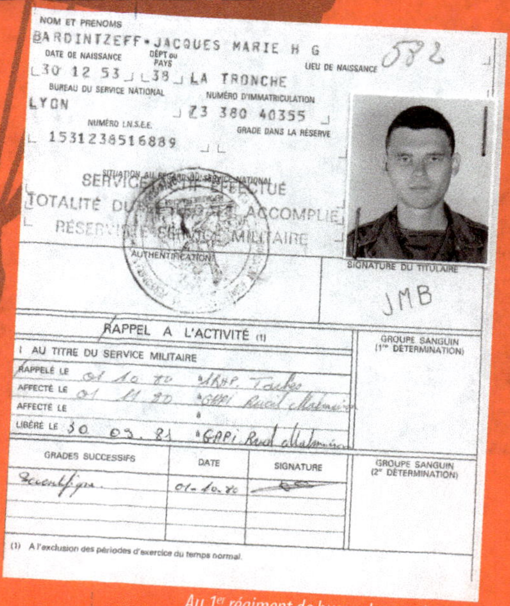

NOM ET PRENOMS
BARDINTZEFF-JACQUES MARIE H G 582
DATE DE NAISSANCE — DÉPT ou PAYS — LIEU DE NAISSANCE
30 12 53 — 38 — LA TRONCHE
BUREAU DU SERVICE NATIONAL — NUMÉRO D'IMMATRICULATION
LYON — Z3 380 40355
NUMÉRO I.N.S.E.E. — GRADE DANS LA RÉSERVE
1531238516889

SITUATION AU REGARD DU SERVICE NATIONAL
SERVICE [illegible] EFFECTUÉ
TOTALITÉ DU [illegible] ACCOMPLIE
RÉSERV[illegible] SERVICE MILITAIRE

AUTHENTIFICATION — SIGNATURE DU TITULAIRE
JMB

RAPPEL A L'ACTIVITÉ (1)
I AU TITRE DU SERVICE MILITAIRE
RAPPELÉ LE 01 10 80 à 1RHP. Tarbes
AFFECTÉ LE 01 11 80 à GAPI [illegible]
AFFECTÉ LE à
LIBÉRÉ LE 30 09. 81 à GAPI [illegible]

GROUPE SANGUIN (1re DÉTERMINATION)

GRADES SUCCESSIFS	DATE	SIGNATURE
[illegible]	01-10-80	[illegible]

GROUPE SANGUIN (2e DÉTERMINATION)

(1) A l'exclusion des périodes d'exercice du temps normal.

Au 1er régiment de hussards parachutistes à Tarbes, en octobre 1980.

CHAPITRE 5

Le temps militaire : du parachutisme au doctorat

À bord du Nord-Atlas, trente gars face à face, la « tronche » blême sous leurs casques ronds. Les mariolles et autres fiers-à-bras se sont tus depuis longtemps. Pour l'instant difficile de déglutir. Il faut dire que nous filons à 400 km/h et que dans moins d'une minute il faudra se jeter dans le vide. Bien calé sur ma banquette, avant-arrière entre mes deux parachutes – le dorsal et le ventral – et latéralement entre deux de mes camarades d'aventure, je sauterai en quatrième position. Nous préparons cet instant, notre premier saut, depuis plus d'une semaine.

Régi par l'« ancien régime », j'ai bénéficié d'un sursis jusqu'à 27 ans, avant d'effectuer mon service militaire: nous sommes les derniers « dinosaures » dans ce cas. Je pourrai effectuer mon année sous les drapeaux comme scientifique du contingent, au Commissariat à l'énergie atomique (C.E.A.) au centre ultra-secret de Bruyères-le-Châtel. Mais auparavant je dois effectuer un mois de classes, durant lequel, pour compenser le privilège de ce statut avantageux, nous risquons le plus souvent d'être envoyés dans un régiment difficile : Allemagne, chasseurs alpins, parachutistes. Ayant demandé les chasseurs alpins, par une subtilité toute militaire je me retrouve affecté parachutiste au 6e R.P.I.MA. à Mont-de-Marsan. Toutefois, j'ai pu obtenir un report supplémentaire de deux mois pour pouvoir effectuer ma mission au Merapi en Indonésie. J'apprends alors que ma seconde affectation est au premier régiment de hussards parachutistes, le fameux 1er R.H.P., à Tarbes, pour le 1er octobre 1980.

En revanche, je ne serai pas obligé de sauter en parachute. Cependant, je ne m'imagine pas une seconde en parachutiste au rabais, cloué au sol, et je m'inscris préalablement à la P.M.P. (Préparation militaire parachutiste) dans la région grenobloise. Je suis accueilli jovialement par l'adjudant-chef Dupinay, qui m'avouera par la suite qu'il avait craint au départ d'avoir affaire à un « intello » un peu rêveur.

Notre entraînement, physique et technique, dure une semaine au camp de Chambaran, où il n'y a rien d'autre à faire à dix kilomètres à la ronde si ce n'est prendre une « mousse » au bistrot de la « mère Machin ». Puis le grand jour arrive.

Le Nord-Atlas, superbe aéronef, immortalisé par un timbre poste bleu nuit, a vu le jour en 1953, comme moi. Véritable armoire à glace, le largueur prend le vent, passant la moitié de la tête hors de la carlingue. Son demi-visage déformé par la vitesse prend l'aspect de celui de M. Hyde, l'autre moitié demeurant celle du docteur Jekyll. Il lance un mannequin en repérage. Impossible de parler dans le vacarme assourdissant de notre gros porteur. Une lumière rouge et une sonnerie stridente, insupportable, qui nous vrille les tympans, annoncent la proximité de la zone de saut. Le lieutenant Rullié, chef d'avion, nous fait signe, les deux paumes tournées vers le haut. Se lever, instable, replier tant bien que mal la banquette-strapontin. Surtout, accrocher le mousqueton au câble du plafond car lui seul déclenchera l'ouverture automatique du parachute. Déjà le largueur empoigne le premier « bidasse ». Deux files de quinze troufions sautent simultanément par les deux portes arrière latérales béant sur le vide. Les files diminuent à vue d'œil. Sans trop savoir comment, je me retrouve dehors et prends une formidable claque d'air frais, projeté à « seulement » 250 km/h car l'avion a légèrement ralenti pour le largage. La double queue de l'avion passe au-dessus de moi. Tout a été prévu ou, tout au moins, envisagé : en cas de non-ouverture, à 400 m d'altitude, on a dix secondes pour réagir et ouvrir son « ventral » avant de se retrouver au tapis. Trois secondes pour l'éternité, en chute libre. Puis une belle corolle kaki se déploie au-dessus de ma tête. Je vole. La descente dure une minute. Dur, le contact avec le sol ; les deux casques – le lourd par dessus le « léger » – s'entrechoquent sur mon crâne. Un peu sonné. Puis les automatismes reprennent le dessus : récupérer la toile salvatrice en brassage rapide et pliage sommaire puis quitter les lieux en courant (difficile avec vingt kilos de charge) vers un point de rendez-vous, avant que l'ennemi fictif ne me transforme en passoire.

Au sol, en bordure du terrain d'atterrissage, des curieux sont là, en famille, bon public. Ils nous questionnent, nous offrent des cigarettes. Nous en rajoutons, à croire que nous allons venger Diên Biên Phu. Nous effectuons quatre sauts dont le dernier avec ouverture supplémentaire du « ventral » pour simuler un incident d'ouverture incomplète ou incorrecte du « dorsal ».

Au soleil couchant, dans la grande prairie, nous sommes alignés pour être « décorés ». Le colonel résume ces deux journées par une formule « Vous n'êtes certes pas des héros mais vous avez eu le courage de franchir à quatre reprises cette "putain de porte" ». Nous recevons l'insigne des parachutistes prémilitaires. Retour triomphal et délirant dans les camions à clair voie : tout le répertoire des chants y passe et, lors de la traversée des villages, chaque jupette déclenche l'hystérie et un concert de sifflets.

Cette période fut importante pour moi car elle constitua une belle expérience et aussi une école de courage et de volonté. De nombreux points communs avec l'approche d'un volcan me sont apparus, dont certains me servirent par la suite : pratiquer régulièrement du sport pour garder une bonne forme, ne rien laisser au hasard, envisager tous les cas de figures et les anticiper pour y faire face, prendre des risques calculés, garder son sang froid. Mes sauts en parachute s'inscrivaient aussi dans un projet plus ambitieux, celui de voler plus haut, dans l'espace…

Après mes classes à Tarbes, je me retrouve début novembre 1980, au C.E.A. de Bruyères-le-Châtel, avec d'autres « scientifiques du contingent ». Je suis à la Direction des applications militaires, au service R.C.P. (RadioChimie et Phénoménologie). Les responsables me présentent leurs travaux en cours et m'expliquent ce qu'ils attendent de moi. Je travaillerai dans le laboratoire de mécanique des roches et m'intéresserai plus spécialement à la stabilité de l'atoll de Mururoa, le centre d'essais nucléaires du Pacifique. Bien évidemment, ces sujets sensibles, classés « secret Défense », feront l'objet de rapports internes non publiables, ce qui est toujours frustrant pour un scientifique. Mais grâce à la compréhension de mes chefs, je peux, parallèlement, faire une étude du soubassement de l'édifice, un ancien volcan justement ! Ceci pourra même faire l'objet de ma thèse de troisième cycle (il existait alors deux thèses successives dans le système français, celle de troisième cycle durait environ deux ans, puis la thèse d'État, prestigieuse, qui demandait cinq à dix ans d'efforts ; aujourd'hui, une seule thèse, d'un niveau intermédiaire entre les deux précédentes, soit l'équivalent d'un Ph. D. américain, se fait en trois-quatre ans). L'étude d'un volcan ancien est tout à fait complémentaire de celle d'un édifice actuel, actif. En effet, dans le premier cas on peut connaître son cœur et donc essayer de reconstituer son histoire. Dans le second cas de figure, on a la chance de faire des observations « en direct » mais on reste cantonné en surface. Or, bien comprendre – et interpréter – le volcanisme, c'est être capable de reconstituer le trajet et l'évolution du magma, de sa naissance en profondeur jusqu'à son émission en surface.

Comblé, je poursuis ainsi la tradition polynésienne du laboratoire d'Orsay. M. Brousse a en effet effectué plusieurs missions dans le Pacifique. Plusieurs thèses ont déjà été soutenues par des étudiants du labo. Moi-même, j'avais commencé l'étude des roches grenues de la caldeira de Tahiti.

Je pourrai disposer d'un échantillonnage complet de l'atoll grâce aux nombreux forages qui y ont été effectués jusqu'à des profondeurs dépassant 1 000 m. Les forages de reconnaissance, de petit diamètre, de l'ordre de cinq centimètres, sont dits continus, c'est-à-dire qu'ils permettent la récupération d'un cylindre de roche, une « carotte ». D'autres forages, de grand diamètre, supérieur à un mètre, dits destructifs, ne remontent que des fragments appelés *cuttings*. Ils reçoivent tous des noms plaisants : prénoms féminins (Françoise, Viviane, Zoé), noms de fleurs (dahlia, fuchsia), d'animaux marins (pieuvre, murène) ou de personnages mythologiques (Ulysse, Achille).

Dans un premier temps, je dois donc étudier des kilomètres de carottes, stockées dans des caisses plates, empilées à Montlhéry dans un immense hangar surnommé « carothèque ». En décembre, je passe des journées glaciales dans ce bâtiment situé en plein courant d'air. Un technicien, équipé d'un Fenwick, m'aide en soulevant des piles de caisses. Je sélectionne ainsi quelques dizaines d'échantillons qui me semblent représentatifs de l'ensemble de l'ancien édifice volcanique.

Chaque échantillon retenu devient très précieux car en quantité limitée, qu'il faut gérer au mieux. Il faut y faire tailler deux lames minces, l'une classique pour l'observation microscopique, l'autre polie pour une étude ultérieure à la microsonde électronique. Une partie va être broyée en poudre très fine pour une analyse chimique. Il faut prévoir de quoi effectuer d'éventuelles analyses complémentaires et toujours conserver un fragment d'échantillon témoin.

En juin 1981, mon chef de service me propose de m'envoyer à Mururoa pour réaliser différentes études géologiques : une chance à ne pas manquer. Pour rejoindre la Polynésie française, aux antipodes de la métropole, il faut compter vingt-quatre heures de vol. On part le matin pour une journée interminable mais exaltante, entrecoupée de deux escales, à Montréal et à Los Angeles. Il faut traverser deux océans : l'Atlantique, dans sa totalité, et une bonne partie du Pacifique. Puis, en début de soirée, c'est l'arrivée à Tahiti et le traditionnel accueil polynésien, embaumé par les colliers de fleur de tiaré. Qui n'a rêvé de se retrouver un jour dans cette île merveilleuse ? Bien qu'un peu sonné par ce long périple, il m'est très difficile de trouver le sommeil car notre horloge biologique a du mal à assimiler les dix heures de décalage horaire.

Le lendemain, nouvelle étape, en Caravelle, de l'archipel de la Société à celui des Tuamotu. Par le hublot, l'atoll si secret m'apparaît comme un anneau de forme elliptique, perdu dans les eaux bleues de l'océan Pacifique. Au centre, le lagon et ses eaux vertes. Sur place, le quotidien des 4 000 hommes, pour moitié civils et pour moitié militaires (des légionnaires), et de la quinzaine de femmes est étrange, hors du temps et de l'espace. La vie se déroule sur une petite zone, plantée de palmiers, à seulement quatre mètres au-dessus du niveau de la mer. Un microcosme où l'on n'utilise pas d'argent puisqu'il n'y a rien à acheter et que tout est gratuit : gîte et couvert. Le samedi soir, c'est un peu la fête. Un vaste préau, ouvert sur la tiédeur de la nuit devient cinéma : au programme, Jane Fonda dans *Retour*. On reçoit les journaux tous les trois jours, à chaque liaison aérienne (il faut préciser qu'à cette époque, nous n'avions ni téléphone mobile, ni liaison internet).

Les journées de travail sont chargées. Un forage est en cours, jour et nuit, sans interruption. Nous suivons attentivement la remontée de chaque train de tige, long de plusieurs mètres et surtout de son précieux contenu de « carottes ». Ces cylindres de roches, qui s'alignent régulièrement sous nos yeux, reconstituent la coupe géologique de l'atoll. D'abord, 300 m de calcaires coralliens, construits patiemment par des cœlentérés (cnidaires), individus minuscules. En effet, la croissance des récifs compense l'enfoncement régulier de l'atoll, appelé subsidence, à la vitesse d'un dixième de millimètre par an. Puis apparaissent les premières roches volcaniques : c'est le toit de l'ancien volcan. Ce sont typiquement des laves émises en contexte aérien ce qui prouve que l'île, alors volcanique, devait émerger, probablement de plusieurs centaines de mètres. Ensuite, les carottes prennent une teinte verte, typique d'un volcan sous-marin : des laves mais aussi de nombreuses brèches constituées de fragments anguleux soudés entre eux. Nous décidons de faire arrêter le forage, qui nous a apporté les informations souhaitées. Retracer l'histoire de l'ensemble devient alors simple. Il y a plusieurs millions d'années, un volcan sous-marin s'est formé au fond du Pacifique, à moins quatre mille mètres environ. Sa taille n'a cessé d'augmenter à chaque éruption. Un jour, il a atteint puis dépassé le niveau de la mer : c'est devenu une île volcanique, fumante. Quand le volcan a cessé son activité, l'île s'est érodée puis enfoncée. Des coraux, appréciant ces eaux chaudes et claires, se sont alors installés et y vivent toujours.

Sitôt le forage arrêté, il est important pour nous de faire une « diagraphie », pour préciser les propriétés des différentes formations géologiques qui se succèdent (la stratigraphie). Il s'agit de faire descendre dans le trou de forage une sonde, qui enregistre différents paramètres (température, résistivité, etc.) directement corrélés à la densité et à la porosité de la roche, la perméabilité du terrain, la circulation d'eau, etc. Il ne faut pas perdre de temps car immobiliser un chantier de forage est compliqué techniquement et donc extrêmement coûteux. Nous travaillons sans relâche de deux heures de l'après-midi jusqu'à une heure du matin pour cette manipulation complexe. Mais le lendemain, dimanche, on peut se lever tard, puis faire de la planche à voile sur le lagon : en France, c'est déjà le soir avec le résultat des élections législatives. Que cela nous semble alors loin !

Ce séjour fut une expérience unique et très enrichissante. Sans prendre parti pour la cause nucléaire, je tiens à témoigner des conditions de sécurité maximum prises alors sur place, avant l'abandon des essais.

Sur le chemin du retour, j'en profite pour faire le tour de l'île de Tahiti ou plutôt des deux presqu'îles accolées : Tahiti Nui la plus grande, et Taiarapu, deux anciens volcans. Je remonte aussi sur deux kilomètres la vallée de la rivière Papenoo, qui sort de la caldeira centrale en forme de fer à cheval. Dans ses alluvions, je retrouve de nombreux galets de ces fameuses roches grenues, d'origine magmatique profonde. J'en avais déjà commencé l'étude, qui, complétée, fera plus tard l'objet d'un article scientifique. L'une d'elle se nomme « théralite », ce qui, en grec, signifie « la pierre monstrueuse », car elle contient en quantité anormale des minéraux appelés feldspathoïdes, symptomatiques de son extrême pauvreté en silice. Au sud, sur la plage de Pueu, je trouve des laves grises contenant de superbes minéraux bleus, des haüynes.

Je passe un été 1981 particulièrement studieux, « assigné à résidence » au C.E.A., avec un minimum de vacances, pour finir mon temps militaire. Je poursuis intensément mon travail de thèse. J'étudie la minéralogie constitutive des roches volcaniques avec la microsonde électronique, à Orléans et à Brest. Cet appareil, inventé pour la métallurgie, à Orsay par le Français Raimond Castaing, au cours des années cinquante, est maintenant utilisé mondialement et notamment en géologie. Il envoie un faisceau d'électrons sur l'échantillon poli dont quelques microns cubes sont détruits mais analysés de façon extrêmement précise par des spectromètres. On peut ainsi mesurer les teneurs respectives en magnésium et fer d'une olivine, de son cœur à sa périphérie. Ensuite, par calcul, on pourra connaître la température du magma, probablement supérieure à 1 100 °C, au moment de la cristallisation de ce beau minéral vert. Cette période, très productive, me laisse un bon souvenir. Chaque matin, je rejoins mon bureau plein d'enthousiasme et je rédige quelques pages de thèse. Chaque soir, j'ai le plaisir de constater le chemin parcouru. L'ancien volcan de Mururoa lâche, un à un, ses secrets.

Le 18 décembre 1981, je soutiens ma thèse de troisième cycle, *Magmatologie des atolls de Mururoa et Fangataufa, Polynésie française.* J'y aborde les principaux problèmes de pétrogenèse : l'origine du magma par fusion partielle du manteau terrestre, son évolution ultérieure par cristallisation fractionnée, la différenciation de la série volcanique, les conditions thermodynamiques (température, pression d'eau, fugacité d'oxygène). Les laves de Mururoa apparaissent plus alcalines (plus riches en sodium et potassium) que celles que j'ai également étudiées provenant de l'atoll voisin de Fangataufa. Leurs origines diffèrent. L'ensemble de l'archipel des Tuamotu-Gambier, ou tout au moins sa partie méridionale, résulte essentiellement de l'activité d'un même « point chaud » fixe, actuellement situé tout au sud, près de l'île de Pitcairn. Les îles sont en effet de plus en plus jeunes du nord-ouest au sud-est de l'archipel, témoins du défilement de la plaque Pacifique vers le nord-ouest à une vitesse de l'ordre de 12 cm par an. Mais l'ancien volcan de Mururoa, daté de 6 à 8 millions d'années pour sa partie aérienne, ne s'inscrit pas dans ce modèle simple. Il résulterait plus probablement d'un volcanisme fissural lors d'une réactivation locale de la faille des Australes.

ENCADRÉ 8

Le magma, de la profondeur à la surface

Le magma prend naissance, le plus souvent, par fusion partielle du manteau terrestre solide, à une centaine de kilomètres de profondeur, et, très rarement, par fusion partielle de la croûte à quelques dizaines de kilomètres de profondeur. Ce liquide magmatique, plus léger que l'encaissant solide, monte par gravité vers la surface, le long de failles. Parfois, il s'arrête en cours d'ascension et peut stagner pendant plusieurs centaines de milliers d'années dans une vaste chambre magmatique. À ce niveau, des processus pétrogénétiques complexes se déroulent, qui modifient le magma et lui donnent des caractères conditionnant son évolution future. Ensuite, il peut reprendre sa montée. S'il cristallise avant d'atteindre la surface, il forme un pluton constitué de roches grenues (granite, gabbro). Elles ne seront visibles que plusieurs millions d'années plus tard, après érosion des terrains sus-jacents (cf. encadré n° 2 « Les trois types de roches »). Si le magma atteint la surface, il s'agit d'une éruption volcanique (cf encadré n° 9 « Les types d'éruptions »).

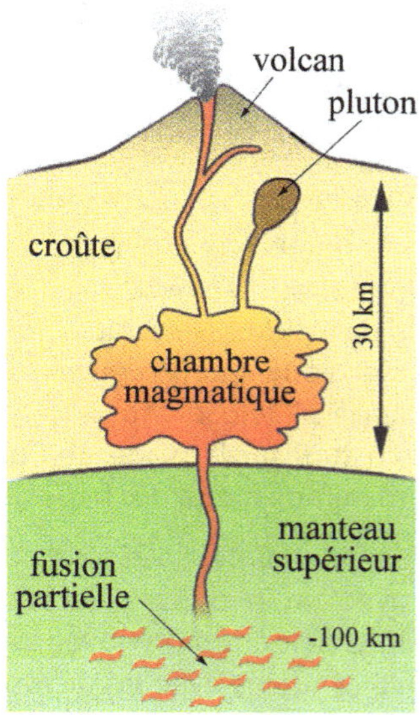

Le magma, de la profondeur à la surface (les échelles sur le schéma ne sont pas respectées).

Je retrouve mon petit bureau dans ma bonne faculté d'Orsay et mes activités d'enseignant-chercheur. J'ai toujours en tête le projet de devenir cosmonaute. Aussi, toute expérience demandant du sang-froid en conditions difficiles ou dangereuses constitue un argument supplémentaire pour étayer ma candidature. Après le parachutisme, j'ai passé au C.E.A. mon brevet élémentaire de plongée sous-marine. Ceci m'amène aussi à m'inscrire au club de vol à voile (planeur) à Beynes puis à celui d'aviation voisin, à Chavenay dans l'ouest de la région parisienne. Le « lâcher », jour ou le moniteur décide de vous laisser partir seul, est un moment impressionnant, qu'aucun pilote ne peut oublier. Je décroche mes brevets de pilote sur les deux types d'appareils. Sur mes carnets de vol, je totalise 68 heures de vol planeur et 146 heures de vol moteur, dont 126 comme commandant de bord.

Prêt pour un vol à bord d'un Robin DR-400 à l'aérodrome de Chavenay dans les Yvelines, au début 1986.

Au cours de l'été 1985, j'aurais même l'honneur de participer à la 18e coupe du monde de vol à voile en montagne, à Vinon-sur-Verdon. Je suis co-équipier de l'adjudant-chef Loïc Legeard, un des très bons pilotes français, sur un beau Janus B biplace. Chaque jour, un circuit de près de 300 km nous est proposé. Nous défendons vaillamment notre place au classement. Paradoxalement, le coéquipier se place à l'avant et le pilote chef à l'arrière. Les deux équipages favoris sont ceux de Pierard et d'Aboulin, moniteurs nationaux. Legeard m'a prévenu d'une consigne claire : « Tu ne les quitte pas d'un œil ». Je tiens fermement le manche de mon « Janus », qui file à 140 km/h, le fil de laine rouge fixé à l'extérieur du cockpit ne bouge pas, ce qui témoigne du bon équilibre de l'appareil. Nous survolons maintenant le lac de Serre-Ponçon, souvenir de mes révisions de classes préparatoires. Nous finirons à la neuvième place au classement général sur seize équipes engagées.

Durant cette période, je mets aussi de grands espoirs dans le projet de construction d'une navette européenne, essentiellement française d'ailleurs, déjà baptisée Hermès, du nom du dieu messager. Ce véhicule futuriste devrait emporter cinq cosmonautes et donc laisser quelques places aux scientifiques civils aux côtés des pilotes, le plus souvent militaires. J'apprends d'ailleurs, par une lettre du C.N.E.S. (Centre national d'études spatiales) que mon dossier, bien que non retenu en priorité, fait partie d'une liste de réserve.

Quoi qu'il en soit, ces expériences variées me permettent de cultiver mon sang froid, de savoir prendre des risques calculés, autant de qualités nécessaires pour un volcanologue. Pour entretenir ma condition physique en vue de missions futures – terrestres et volcaniques ou spatiales ? – je fais régulièrement beaucoup de sport : du footing dans le grand parc ombragé de Saint-Cloud dont je connais les moindres recoins, du vélo, sur lequel j'ai franchi de nombreux cols des Alpes, du ski bien sûr, de piste, de fond ou de randonnée à peau de phoques, de la montagne. Je participe, sans prétention, à quelques compétitions inter-universitaires au stade Charléty. Je cours à plusieurs reprise le marathon de Paris, fais aussi les marches de plus de cinquante kilomètres de Paris-Mantes et Bourges – Sancerre et passe le B.R.A., brevet cyclotouriste de randonneur des Alpes sur 250 à 300 km en une journée avec les cols du Galibier et de la Croix de Fer.

Avec le champion cycliste britannique Barry Hoban, lors du Critérium du Dauphiné Libéré en 1978.

Je me souviens aussi de la Traversée du Vercors, épreuve exigeante de 50 km, incontournable dans le calendrier du ski nordique par sa difficulté et son état d'esprit. En ski de fond, on ne peut pas tricher. C'est une belle école de modestie voire d'humilité et de persévérance. Le Vercors, ce jardin verdoyant et ensoleillé l'été, perché sur un bastion naturel, peut devenir brusquement inhospitalier, glacé et très dangereux quand le brouillard se lève. C'est pourquoi la course se dispute par équipe de deux hommes, liés l'un à l'autre par un fil invisible. Avec Vincent Ménage, j'ai la chance de pouvoir compter sur un compagnon solide et expérimenté. Sur la ligne de départ, je souris intérieurement car une idée saugrenue me vient à l'esprit : combien de concurrents savent qu'ils vont traverser de part en part… un synclinal perché urgonien ? Le départ et le début de l'épreuve sont sportifs sur la neige verglacée. Au trentième kilomètre, alors que le soleil brille, sous la banderole du

© Eli Arditti.

Au sommet du dôme des Ecrins (4 015 m) en Oisans, le 18 août 1983.

contrôle F.F.S. (Fédération française de ski), un officiel m'assène un vigoureux coup de tampon sur le dossard dorsal, faisant office de tape d'encouragement. Je pense que les premiers, membres de l'équipe de France, en terminent. Pour ma part, mes bras et mes jambes tombent régulièrement, en accord avec mon cœur et ma tête. Un hélicoptère de la gendarmerie nous survole, m'aspergeant d'un blizzard de neige rafraîchissant. Je retrouve deux copains d'école, du temps de mon enfance. Nous disputons un match amical pour la… 250e place !

Mais ma thèse d'état occupe une place grandissante dans mes pensées.

> Si vous fermez la porte
> à toutes les erreurs,
> la vérité restera dehors.

Le Merapi à Java, Indonésie, redoutable volcan à nuées ardentes.

CHAPITRE 6

Sujet de thèse : les nuées ardentes

Désormais, je suis plongé dans mon étude des nuées ardentes, qui doit aboutir à la rédaction de mon mémoire de thèse d'État. J'ai effectué quatre missions fructueuses dans des régions volcaniquement actives (Amérique centrale – deux fois, Antilles, Indonésie). J'en ai ramené plusieurs centaines de kilos d'échantillons, soit beaucoup de données à gérer.

Je dispose, en outre, à titre de comparaison, de niveaux cendreux prélevés lors de forages océaniques dans le cadre du programme international D.S.D.P. (Deep Sea Drilling Project), au large du Mexique, du Guatemala et de la Barbade.

Un premier axe de recherche concerne la pétrologie, l'étude des roches. Leur analyse chimique (géochimie) est nécessaire. Dans mon laboratoire, nous analysons les dix principaux éléments, appelés « éléments majeurs » : silicium, aluminium, titane, magnésium, fer, manganèse, calcium, sodium, potassium et phosphore. Éventuellement, pour préciser certains points, je pourrais ensuite demander dans d'autres laboratoires des analyses d'éléments mineurs (le nickel par exemple) ou en traces (le tantale), et même des analyses isotopiques. Ces analyses peuvent être des témoins de la composition du magma qui, en se solidifiant, a formé ces roches volcaniques. Mais il faut être prudent car des processus ultérieurs ont pu le modifier.

Il faut connaître précisément le contenu minéralogique de chaque roche. Je passe des journées à la microsonde très performante du B.R.G.M. (Bureau de recherches géologiques et minières) d'Orléans. Il est possible de suivre l'évolution chimique d'un minéral de quelques centaines de microns, de son cœur à sa périphérie. Le premier est classiquement plus riche en magnésium et/ou en calcium que la seconde (mais des exceptions existent) : on dit alors que le minéral est « zoné ».

Lors de leur croissance, certains minéraux ont piégé une gouttelette de magma, qui n'a pas eu le temps de cristalliser et s'est figé en verre : il s'agit d'une inclusion vitreuse, tout à fait intéressante.

Lors de l'éruption du mont Cameroun en avril 1999, le front de la coulée libère des blocs de lave incandescente, qui enflamment la végétation.

ENCADRÉ 9

Les types d'éruptions

Deux grands types d'éruptions volcaniques s'opposent :

*1. **Les éruptions effusives** produisent des coulées de lave, liquides, issues issues d'un magma en partie dégazé. On parle de volcan, ou plutôt d'éruption, « rouge ».*

*2. **Les éruptions explosives** libèrent des téphras, solides (bombes, cendres, etc.), d'où le nom de volcan « gris » ou d'éruption « grise ». Les gaz jouent un rôle important. Ce sont les éruptions les plus dangereuses. Dans certains cas, il s'agit de projections (puis de retombées) qui durent plusieurs heures, et dans d'autres cas, de l'émission brutale d'une nuée ardente, constituée d'un nuage de gaz transportant des fragments solides en suspension, à grande vitesse.*

Mais, au cours du temps, un même volcan peut changer de type d'éruption.

Dans les dépôts de la Soufrière de Saint-Vincent, je mets en évidence trois types de pyroxènes, qui ont successivement cristallisé à des niveaux de profondeur différents. Ceci pourrait s'interpréter par la coexistence d'au moins deux chambres magmatiques superposées. Ensuite, lors de la communication des chambres, le mélange des magmas aux propriétés thermodynamiques sensiblement différentes peut induire une éruption violemment explosive.

Les cendres volcaniques sont constituées de particules d'une taille inférieure à deux millimètres, parfois de quelques microns seulement. Pour les observer et les photographier, il faut alors utiliser un microscope électronique à balayage. On découvre trois types d'éléments : des petits fragments de roches, des minéraux et des verres. Ces derniers m'intéressent tout particulièrement pour comprendre la genèse des nuées ardentes. J'en distingue deux types. Certains verres, anguleux, proviennent le plus souvent d'anciennes roches pulvérisées. D'autres, au contraire, vacuolaires, ressemblent un peu à un nid de guêpes. Les vacuoles résultent de la formation de bulles de gaz. Ces fragments proviennent du magma frais, contemporain de l'éruption. Le pourcentage de magma frais (on connaît aussi, par différence, celui de magma ancien) dans les dépôts de nuées ardentes me semble capital. Ce sera l'un des paramètres de la nouvelle classification que j'essaie d'établir.

La taille des différentes projections volcaniques varie énormément, depuis des blocs et des bombes de plusieurs mètres jusqu'à des particules de quelques microns. Leur étude précise s'appelle la granulométrie. En 1983, je fais la connaissance de Jean-Claude Miskovsky, sédimentologue, spécialiste justement de la granulométrie de dépôts de remplissage de grottes préhistoriques. Nos activités apparaissent comme tout à fait complémentaires. Commencent alors une association et une amitié qui durent toujours. Au mois de mai de cette année 1983, nous effectuons une mission commune en Martinique, pour étudier la granulométrie des différents dépôts de la montagne Pelée, en collaboration avec Hervé Traineau, qui connaît

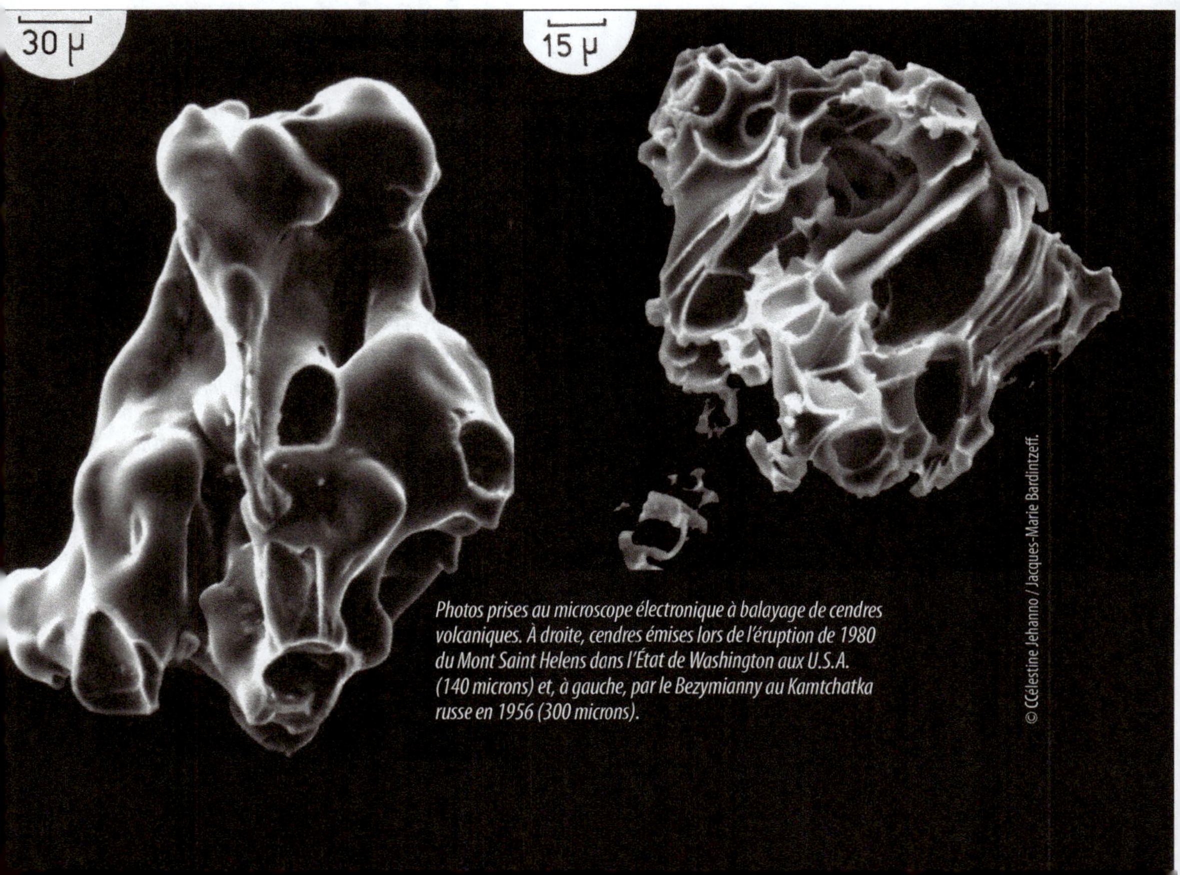

Photos prises au microscope électronique à balayage de cendres volcaniques. À droite, cendres émises lors de l'éruption de 1980 du Mont Saint Helens dans l'État de Washington aux U.S.A. (140 microns) et, à gauche, par le Bezymianny au Kamtchatka russe en 1956 (300 microns).

Les diverses fractions granulométriques (des plus grossières aux plus fines) de produits ponceux de la montagne Pelée et le matériel de mesure (tamis, balance).

parfaitement ce volcan. Pour chaque site, il s'agit de prélever plusieurs kilos d'échantillons (cendres et/ou ponces) que l'on tamise sur place. Nous disposons d'une colonne de six tamis superposés, dont la taille de maille décroît de 20 mm à 2 mm. Le refus de chaque tamis est pesé sur une petite balance et nous en en conservons une petite fraction pour études ultérieures. Les fragments plus gros sont mesurés directement au double décimètre. La fraction plus fine sera tamisée à notre retour, en laboratoire, avec des tamis ultra-fins, jusqu'à 40 microns de maille (aujourd'hui, on utilise un microgranulomètre laser, qui mesure les particules les plus fines, jusqu'à 0,1 micron).

Dépôts stratifiés de cendres volcaniques à Chiso Dai-Setsudanmen dans l'île d'Izu-Oshima au Japon

ENCADRÉ 10

Les téphras

Le terme « téphra » rassemble l'ensemble des matériaux volcaniques, à l'exception des laves. Ils sont classés selon trois paramètres :

*– **leur taille (granulométrie)** : les blocs, anguleux, et les bombes, globuleuses, ont une taille supérieure à 64 mm, atteignant parfois plusieurs mètres ; les lapilli mesurent entre 2 et 64 mm ; les cendres, fines, ont un diamètre inférieur à 2 mm.*

*– **leur aspect (morphologie)** : massif, scoriacé (contenant des vacuoles de gaz), voir ponceux (très riche en vacuoles, donc très léger).*

*– **leur composition chimique** : basalte, rhyolite.*

On définit ainsi parfaitement un téphra par un terme triple, par exemple « lapilli scoriacé basaltique » ou « cendre ponceuse rhyolitique », etc.

Des paramètres chiffrés permettent de décrire l'ensemble du dépôt : l'épaisseur, la dispersion (surface recouverte), la fragmentation (pourcentage relatif en cendres, lapilli et bombes), témoins de l'énergie de l'éruption. Plus une éruption est violente, plus elle fragmente et disperse les produits.

Le week-end de Pentecôte, un crochet aérien à bord d'un petit Britain Norman de huit places, nous conduit dans l'île voisine de la Dominique, où je retrouve mon ami Serge et sa fiancée Annie. Pour rejoindre la « vallée de la Désolation », nous partons non loin d'un lieu-dit « Papillote », puis il faut compter cinq bonnes heures de marche sur un terrain accidenté, régulièrement rincé par des pluies tièdes. Dans la forêt tropicale, nous pouvons admirer les célèbres roses de porcelaine. Comme récompense de nos efforts, le site révèle sa beauté minérale, déclinant tous les tons ocres. Encore plus loin, fume Boiling Lake, « le lac bouillant », de couleur vert pâle. C'est une immense marmite naturelle, d'une centaine de mètres de diamètre. En son centre éclatent d'énormes bulles : très pratique pour faire cuire son œuf « dur », sauf s'il s'est auparavant brisé au fond du sac !

La granulométrie donne deux types d'information : la taille moyenne des grains (la médiane) mais aussi leur homogénéité (le classement). Quand les grains ont des tailles voisines, on dit qu'ils sont bien classés.

Boiling Lake, le « Lac bouillant » dans l'île de la Dominique.

Avec la granulométrie, je tiens le deuxième paramètre de ma classification. Cela me permettra de distinguer les nuées ardentes d'explosion, à matrice cendreuse fine, des nuées ardentes d'avalanches, plus grossières.

Au cours de cette mission, j'ai pris également soin de chiffrer, pour chaque dépôt, le maximum de paramètres pouvant donner des indications sur le style et la puissance du dynamisme éruptif qui leur a donné naissance. J'avais lu et relu les articles de Walker, très précis dans ce domaine. Pour caractériser un niveau de téphra, il faut connaître son *épaisseur*, sa *dispersion* et sa *fragmentation*. On part du raisonnement simple que plus une éruption est violente, plus elle fragmente et disperse les matériaux. Donc, les cendres fines résultent d'une éruption plus violente (vulcanienne) que les bombes imposantes (éruption strombolienne), ce qui peut sembler paradoxal. Ceci est vrai à une distance donnée du cratère car l'épaisseur et la taille moyenne des particules diminuent quand on s'éloigne de celui-ci.

À plusieurs reprises, j'ai trouvé dans les dépôts des différentes nuées ardentes, des bois complètement carbonisés, parfois un tronc entier, parfois une simple brindille. Au sein des dépôts volcaniques très chauds mais à l'abri de l'air, ils ne se sont pas consumés mais, au contraire, transformés en charbon de bois. J'en ai prélevé un échantillon à chaque fois. Au laboratoire de chimie organique d'Orsay, j'inclus un peu de chaque bois, réduit en poudre, dans une pastille transparente de bromure de potassium. Puis je les passe dans un spectromètre à rayons infrarouges pour obtenir des courbes, appelées spectres, typiques de chacun d'entre eux. Ensuite, il me suffit de comparer chaque courbe à des spectres étalons préalablement établis pour connaître la température maximum subie par le bois et donc la température minimum de la nuée ardente. Sur les bois carbonisés rapportés du Guatemala, du Costa Rica, des Antilles ou d'Indonésie, j'obtiens des valeurs comprises entre 200 °C et 375 °C, qui donnent une bonne idée du phénomène volcanique.

En 1981, Bernard Bonin vient renforcer l'équipe du laboratoire. Il est spécialiste des granites et plus généralement des roches plutoniques. Ce sont des roches magmatiques, issus de la cristallisation d'un magma resté à plusieurs kilomètres de profondeur et qui n'a donc pas atteint la surface. Ultérieurement, l'érosion des terrains supérieurs a permis de voir des affleurements de ces roches profondes. Avec humour, Bernard Bonin dit souvent qu'un volcan c'est tout simplement un pluton qui a mal tourné. Sur le même ton je réplique qu'un pluton n'est qu'un volcan avorté ! Une question plus scientifique se pose en fait depuis longtemps : comment expliquer que deux magmas quasi identiques du point de vue chimique puissent évoluer aussi différemment, l'un cristallisant en profondeur, l'autre jaillissant en surface ? C'est le début d'une longue collaboration. Nous nous intéressons plus particulièrement à une espèce minérale appelée amphibole, qui a la propriété de stocker de l'eau dans sa structure atomique. Inversement donc, lorsqu'il se déstabilise, ce minéral doit être capable de libérer cette eau, qui peut jouer un rôle si important dans les processus éruptifs volcaniques. Nous recherchons systématiquement la présence d'amphibole, brune ou verte, dans les différentes roches magmatiques et discutons leur domaine de stabilité, fonction de la pression, de la température et de la teneur en eau. Nous mettons ainsi en évidence un « effet amphibole », à l'origine du déclenchement de certaines éruptions explosives.

Un chercheur est jugé sur ses publications scientifiques dans les différentes revues spécialisées. Mes premiers travaux donnent matière à publication dans les bulletins de la Société géologique de France et de la Société française de minéralogie et de cristallographie. Pour être reconnu sur le plan international et lu des États-Unis au Japon, des publications en langue anglaise apparaissent incontournables. J'écris donc des articles dans les deux plus prestigieuses revues bimestrielles de volcanologie, le *Bulletin of Volcanology* et le *Journal of Volcanology and Geothermal Research*, ainsi que dans le *Journal of Geodynamics*.

Les scientifiques se rencontrent régulièrement lors de congrès nationaux ou internationaux, pour présenter leurs résultats et échanger leurs idées. C'est toujours un honneur d'exposer ses travaux et un plaisir de retrouver des collègues parfois de l'autre bout du monde. J'ai rencontré ainsi la plupart des volcanologues d'Europe et des autres continents. Des amitiés solides se sont forgées même si nous nous revoyons seulement tous les deux ou trois ans.

Tous les quatre ans est organisé le Congrès géologique international, en quelque sorte les Jeux olympiques de la géologie. En 1980 il avait lieu à Paris. J'ai assisté à certains exposés mais j'étais encore trop jeune dans le métier pour y jouer un rôle actif. Quand j'apprends que le congrès international suivant sera organisé à Moscou en 1984, je me promets d'y être. Effectivement, quatre ans plus tard je fais partie de la délégation française qui se rend dans la capitale soviétique. Je peux y « défendre » ma classification des nuées ardentes, objet de ma thèse d'État en cours d'achèvement, devant la communauté scientifique internationale. J'ai fait mon exposé en anglais et je termine par quelques mots de russe (« explosion » se traduit par *vrief* et « avalanche » par *lavina*). Bien sûr, je rêvais de visiter Leningrad (aujourd'hui Saint-Pétersbourg), la ville de mon grand-père paternel, et j'avais programmé de m'y rendre en train un week-end. À cette époque, les voyages en U.R.S.S. devaient être organisés longtemps d'avance et un circuit guidé nous était imposé. En arrivant dans la ville des tsars, au bord de la Neva, j'apprends que la visite du Muséum d'histoire naturelle et de son célèbre mammouth fossile n'est pas prévue au programme: c'est une grande déception. Mais au cours de l'après-midi, dans le bus, la guide me fait signe et m'explique qu'elle pourra, discrètement, me déposer devant l'entrée du musée et me fixe un point de rendez-vous ultérieur. J'ai bien conscience qu'elle prend cette responsabilité pour me faire plaisir. Mais quelle émotion d'admirer le gros mammouth poilu et placide! Encore un rêve d'enfance qui se réalise.

Je soutiens ma thèse d'État, *Les nuées ardentes: pétrogenèse et volcanologie*, le 18 octobre 1985, devant un jury présidé par Jean Aubouin, membre de l'Académie des sciences. Beaucoup d'amis et d'étudiants sont venus m'encourager dans l'amphithéâtre.

Une thèse constitue un long chemin dont, au départ, l'aboutissement paraît si lointain qu'il semble presque impossible à atteindre. Et quand on l'a terminée, on est un peu étonné. Mais je n'ai pas le temps de trop y penser car, déjà, d'autres projets prennent corps.

Nuée ardente émise par le Sinabung en Indonésie en juillet 2015.

ENCADRÉ 11

Les nuées ardentes

Une nuée ardente est l'émission brusque et dirigée d'un mélange solide - liquide - gaz à l'état d'émulsion, dans laquelle le gaz constitue la phase continue, qui transporte du matériel en suspension. L'ensemble, à haute température (200 - 600 degrés), se propage très vite (plusieurs centaines de km/h) sur une grande distance (plusieurs kilomètres), parfois à contre-pente. Ce phénomène constitue donc un risque volcanologique humain majeur.

Différents cas sont à envisager :

- selon la cause principale, explosive ou bien gravitaire (on parle alors d'« avalanche », liée à l'effondrement d'un dôme, comme au Merapi et au Sinabung en Indonésie) ;

– selon l'origine du matériel : soit du magma neuf, directement lié à l'éruption, soit des roches anciennes pulvérisées ;

– selon la morphologie du volcan : cratère largement ouvert (Soufrière de Saint-Vincent) autorisant une large dispersion dans toutes les directions, ou cratère partiellement obstrué par un dôme, induisant une nuée dirigée dans une seule direction (montagne Pelée).

Le cachot de Louis Cyparis, « ivrogne notoire », dans la prison de Saint-Pierre, qui sauva la vie du prisonnier lors de l'éruption du 8 mai 1902 de la montagne Pelée en Martinique. Il y eu 28 000 victimes et seulement deux survivants : outre Cyparis, Léon Compère Léandre, cordonnier à l'abri dans son échoppe.

A la Soufrière de Sainte-Lucie avec Katia Krafft en mars 1988.

À mon tour, j'encadre un étudiant en thèse. Il s'agit de Jean-Merbel Nana, Camerounais, qui étudie un complexe volcano-plutonique, le mont Bana, dans l'ouest de son pays. Mon rôle est difficile mais enthousiasmant, une façon aussi de rendre ce que les autres m'ont donné. Quand à son tour on siège à un jury de thèse, on s'aperçoit qu'une étape est franchie.

Les missions continuent. En août 1987, c'est le fameux Saint Helens aux U.S.A. : les troncs d'arbres arrachés par les nuées ardentes de 1980 flottent encore sur Spirit Lake. En septembre de cette même année, je me rends dans l'île grecque de Kos, non loin des côtes turques, pour une expertise du potentiel géothermique de la région de Volcania, dans le cadre de la Communauté économique européenne. En mars 1988, à nouveau la Soufrière de Saint-Vincent (et celle de Sainte-Lucie) toujours avec… Katia Krafft ! J'y connais une des grandes peurs de ma vie. Lors d'un accostage délicat en bateau, nous devons sauter en mer l'un après l'autre, entre chaque vague, pour rejoindre la terre ferme. Quand vient mon tour, arrive une vague déferlante imprévue, qui me submerge avec armes et bagages, et je crois ma dernière heure arrivée, quand le bras puissant de Keith Rowley m'aide à refaire surface. Mourir noyé eut été une fin peu banale pour un volcanologue. En septembre 1988, je revisite l'Etna, volcan essentiellement lavique. Je m'intéresse cependant plus particulièrement aux quelques niveaux témoins d'éruptions explosives, assez exceptionnelles mais d'une grande intensité.

Des congrès importants ont lieu, auxquels je peux participer. À Ottawa, au Canada, c'est le congrès de l'Union internationale pour l'étude du Quaternaire, une ère tout à fait volcanique. Puis à Vancouver, toujours au Canada, mais à plusieurs milliers de kilomètres, se tient l'Assemblée générale de l'Union internationale de géodésie et de géophysique. Je loge sur le superbe campus de l'U.B.C. (University of British Columbia). Une fin d'après-midi, après les séances du congrès, j'aperçois Haroun Tazieff seul et je vais le saluer. Il est en pleine forme, tout sourire, il m'invite au restaurant : une soirée vraiment sympathique si loin de l'hexagone.

Le 28 janvier 1986, la navette américaine Challenger explose en vol, soixante-treize secondes après son décollage, entraînant la mort de ses sept occupants. Cet épisode traumatisant remet en cause certains programmes spatiaux. Le nouveau projet européen Hermès ne prévoit plus que trois occupants au lieu de cinq initialement ; puis il est complètement abandonné, à mon grand regret.

Pour explorer les volcans de Mars, je m'aperçois que je me suis trompé de millénaire… Mais je réalise que les volcans terrestres renferment encore bien des secrets. Certains, très loin d'ici, dans l'hémisphère Sud, au sein des Terres australes...

Lors du traditionnel match de rugby avec les étudiants à l'université d'Orsay, l'équipe des volcanologues avait plutôt fière allure avec, de gauche à droite : le professeur Robert Brousse, Haroun Tazieff, alors ministre, et Jacques-Marie Bardintzeff (31 janvier 1985).

> L’exploration est
> le sport du savant.
>
> Professeur Auguste Picard

Les manchots de l’archipel Crozet respectent les panneaux indicateurs.

CHAPITRE 7

Les Terres australes : joies et difficultés du terrain

Le 3 janvier 1989, lorsque dans un hurlement de sirène, le *Marion Dufresne* quitte le port de Saint-Denis de la Réunion, m'emmenant à son bord vers les Terres australes, je suis bien conscient de vivre l'une des grandes aventures du XXe siècle.

Un peu plus d'un an auparavant, Hervé Leyrit, un de nos étudiants au Laboratoire de pétrographie-volcanologie, était venu me dire « au revoir » dans mon bureau. Il partait pour plus d'un an dans l'île de Kerguelen, volontaire, en équivalence à son temps d'obligations militaires. Nous avions déjà sympathisé, j'avais été membre du jury de son D.E.A. (diplôme d'études approfondies) et j'avais apprécié son dynamisme et sa passion pour la volcanologie. Il m'avait expliqué qu'il allait mettre son séjour à profit pour repérer en détail les différentes unités d'une partie de cet archipel d'origine volcanique, plus précisément les presqu'îles Ronarc'h et Jeanne d'Arc. Ceci s'inscrivait dans le cadre du programme de recherches de cartographie au 1/50 000e de Kerguelen, « Cartoker ». Il espérait que ses études pourraient, à son retour en France, faire l'objet d'un travail de thèse. Je lui avais souhaité bonne chance et lui avais promis de lui écrire, tout en sachant que ses réponses mettraient plusieurs mois à me parvenir.

Du temps a passé. À l'automne 1988, le professeur Jean Lameyre me téléphone. Spécialiste depuis une quinzaine d'années de la géologie de Kerguelen, il avait programmé d'y passer un été austral de plus, c'est-à-dire le premier trimestre 1989, et d'encadrer Hervé Leyrit pour la fin de son séjour. Je le connaissais bien depuis que j'avais suivi ses cours de pétrographie métamorphique en licence. Depuis, à plusieurs reprises, il m'avait donné de judicieux conseils amicaux. Il m'apprend malheureusement sa grave maladie, qui l'empêchera probablement de se rendre dans l'hémisphère Sud. Il me propose « tout de go » de le remplacer pour cette mission.

Je suis un peu sonné, tant par la mauvaise nouvelle qui concerne un monsieur que je respecte, que par l'ampleur du projet en question et le délai extrêmement court pour le mettre en œuvre. Sa confiance m'honore. Je comprends qu'il faille prendre une décision rapidement mais lui demande vingt-quatre heures de réflexion.

Sereinement, j'envisage le pour et le contre. Le « contre » consiste à intégrer une longue absence dans l'emploi du temps de l'année déjà surchargée en enseignements et en projets de recherche, à envisager une mission difficile… Il faut dire aussi que je suis presque fiancé ! Le « pour » l'emporte cependant : l'occasion de découvrir ces contrées éloignées, presque vierges, tellement mythiques, de participer à un nouveau programme scientifique sur une île entièrement magmatique. L'idée d'y retrouver Hervé Leyrit, quelqu'un de sûr et de compétent, pèse évidemment dans ma décision. Et je sais qu'il sera heureux de voir arriver du renfort.

Ma décision est prise : je pars. Il me reste peu de temps pour tout préparer. Rue des Renaudes, au siège parisien des T.A.A.F. (Terres australes et antarctiques françaises), je reçois des conseils précieux. Sur les cartes, mon doigt suit les contours découpés de cet archipel constitué de 400 îles, îlots ou écueils, et repère la calotte glaciaire Cook. L'île principale est presque aussi grande que la Corse. Les lieux sont affublés de noms curieux, choisis par les pionniers successifs : presqu'île Rallier du Baty, celle de la Société de géographie, Port-Bizet, anse du Radioleine, chenal Cléry, baie des Swains, des isthmes, des caps, des bras, des pointes…

Le réveillon du Nouvel An 1989, avec mes amis à Grenoble, a un goût particulier, puisque je vais changer d'hémisphère dans 48 heures et pour longtemps. Je n'ai pas prévenu mes grands-parents pour ne pas les inquiéter : quand je les quitte, ils pensent que je rentre à Paris pour rejoindre mon université.

Le 2 janvier, je prends l'avion pour l'île de la Réunion. Le lendemain matin, dans le port de Saint-Denis, nous découvrons notre navire à quai. Il est superbe et immense : 114 mètres de longs, 6 640 tonneaux de jauge brute, cinq ponts superposés. L'équipage termine un dernier raccord de peinture. Le départ est prévu dans l'après-midi.

S'embarquer sur un bateau est bien plus émouvant que décoller d'un aéroport. Une fois les amarres larguées, on voit le quai s'éloigner lentement. On contourne les flancs du piton des Neiges puis du piton de la Fournaise, les deux volcans de l'île. Sur le pont, la soirée tiède est agréable. Puis la nuit tombe. Devant nous, l'océan Indien. Le parcours prévu suit un gigantesque quadrilatère en forme de cerf-volant : La Réunion - Crozet, 2 860 km, Crozet - Kerguelen, 1 480 km, Kerguelen - Nouvelle Amsterdam, 1 420 km, Nouvelle Amsterdam - La Réunion, 2 880 km. *Le Marion Dufresne* doit, en effet, ravitailler ces différentes possessions françaises, toutes d'origine volcanique.

Sur le bateau, je prends mes marques. Nous admirons la mer et les poissons volants, aux belles nageoires bleues. Des dauphins nous accompagnent un temps, sautant de vague en vague à toute allure. Je partage ma cabine avec Jean-Claude Duchêne, biologiste marin, jeune mais déjà vétéran avec plusieurs campagnes australes à son actif. Il me raconte ses aventures à Kerguelen ou plutôt à « Ker », comme on dit sur place. J'ai retrouvé Jean-Baptiste Crumeyrolles, un de mes anciens professeurs, spécialiste du plancton marin. Je fais plus ample connaissance avec les autres scientifiques, représentant chacun une spécialité : biologie animale ou végétale, géophysique, météorologie… Je sympathise avec les membres d'équipage. Le chef mécanicien nous fait visiter la salle des machines : les conditions de travail, dans une chaleur étouffante et une odeur de gasoil permanente, y sont très difficiles. Le soir, j'aime bien rester dans la timonerie, à l'avant avec le lieutenant de quart. Je rêve au rythme du bateau. Nous avançons bien, à une moyenne de 13 - 14 nœuds (soit environ 25 km/h). Chaque jour, à midi, le commandant de bord nous fait le point exact. Nous progressons régulièrement vers le sud. Les prévisions météo arrivent des bases de Pretoria en Afrique du Sud et de Molodezhnaya, station soviétique antarctique. Le cinquième jour, brusquement, la température chute de dix degrés : nous venons de quitter le domaine des eaux subtropicales pour entrer dans celui des eaux subantarctiques. Il est temps d'enfiler la tenue polaire, chaude et confortable. Nous abordons bientôt les fameux quarantièmes rugissants. Les oiseaux survolent le navire en piaillant : grands albatros, pétrels géants...

Le sixième jour, au matin, il fait 2,5 °C. Une terre apparaît. Deux terres en fait, puisque l'on aperçoit les premières îles de l'archipel Crozet : celles de l'Est et de la Possession. Sur cette dernière a été construite la base Alfred Faure, qui abrite une trentaine de personnes. Haut de 383 m, le mont Branca, ancien volcan couvert d'une végétation rare, domine l'ensemble.

Nous devons y passer la journée pour débarquer certains scientifiques spécialistes de l'éthologie (étude du comportement) des manchots. Nous sommes invités à rejoindre la terre ferme nous aussi, pour quelques heures. Sur le pont arrière, les pales de l'hélicoptère Alouette tournent de plus en plus vite. Avec la première navette, est livré le courrier, prioritaire, tant attendu par ces insulaires isolés depuis longtemps. L'appareil transporte aussi du matériel dans de grands filets accrochés sous son ventre. Les rotations se succèdent toutes les quelques minutes. Mon tour arrive. Du ciel, j'aperçois au sol des milliers de points noirs et blancs, régulièrement et géométriquement espacés : une immense manchotière, qui compte plusieurs dizaines de milliers d'individus ! En mettant pied à terre, je vacille un peu, surpris après une semaine de mer. Je me dirige vers les manchots, qui, curieux, viennent vers moi en se dandinant : ils m'accueillent amicalement dans leur domaine et se laissent même caresser. Ravis d'avoir un admirateur, un peu cabotins, ils me font la démonstration de leur agilité : plongeon, nage, puis sortie de l'eau tout en s'ébrouant. Ils sont si drôles quand ils marchent, un peu malhabiles, les ailes écartées pour garder l'équilibre. On jurerait presque de petits hommes en queue-de-pie. Quant aux gros éléphants de mer, avachis sur la plage, ils bâillent plutôt d'ennui mais nous regardent parfois de leurs gros yeux. Malgré ma fascination pour tous ces animaux, je prends aussi le temps d'observer de près les dépôts volcaniques.

Il faut déjà regagner le Marion Dufresne, surnommé le « Marduf ». Pour rester un peu plus longtemps, je prends la dernière navette. La route océanique est encore longue.

La navigation se poursuit plein est. Un banc de baleines est signalé à bâbord. Le neuvième jour, dans l'après-midi, Kerguelen apparaît enfin, couverte de brume. Elle mérite bien son nom d'île de la Désolation. Nous distinguons l'anse du Gros Ventre, l'endroit où, en 1772, Yves de Kerguelen arriva avec son équipage à bord des vaisseaux *La Fortune* et, précisément, *Le Gros Ventre*. Il prit alors possession de l'archipel au nom du roi de France. Nous devinons le Doigt de Sainte-Anne, étrange piton volcanique, puis le mont Ross, volcan vieux de 200 000 ans environ et peut-être même moins, le point culminant avec ses 1 850 m. Il faut aussi penser à déposer au passage, par hélicoptère, un baril de fioul à Baie Larose, qui servira de relais pour une mission héliportée future. Nous passons notre dernière nuit à bord du *Marion Dufresne*, qui a jeté l'ancre dans le golfe du Morbihan (sans doute baptisé ainsi par d'anciens marins bretons). Le lendemain, 12 janvier 1989, nous débarquons à P.A.F. Ici, ces trois lettres ne signifient pas « paysage audiovisuel français » mais « Port-aux-Français », la « capitale » avec ses 80 habitants, qui y passent un an, dont un long hivernage. Avec notre arrivée, la population atteint 109 âmes ! Je retrouve Hervé, en pleine forme, et lui remets du courrier de sa famille. Il me fait visiter les lieux. Quelques baraquements autour d'une pelouse humide, baptisée Central Park, où des éléphants de mer se vautrent allègrement, se retournent en grognant, éternuant, éructant, jusqu'à trouver la position idéale sur le dos, le ventre exposé au (pâle) soleil. Fixées sur un poteau, des flèches indiquent les distances de plusieurs milliers de kilomètres dans différentes directions (3 500 km pour l'Australie). Sûr, on a atteint le bout du monde. En bon Grenoblois, je suis affecté au bâtiment 38, le numéro de mon département, l'Isère.

À Kerguelen, sur la base de Port-aux-Français, je suis affecté au bâtiment n°38, précisément le numéro de mon département de l'Isère.

Le lendemain, le *Marion Dufresne* a disparu de la baie de Port-aux-Français. Nous ne le reverrons que dans deux mois, lorsqu'il reviendra nous chercher.

Après avoir discuté de notre planning avec Jacques Bulle, le chef de mission, très vite nous partons sur le terrain. Notre première sortie durera en principe seize jours mais nous serons ravitaillés et déplacés, en bateau, à deux reprises. Notre hélicoptère s'envole pour la presqu'île Ronarc'h. Il nous dépose avec des vivres à notre camp de base, une petite cabane cubique de deux mètres de coté, baptisée « Phonolite », du nom d'une roche volcanique claire, abondante ici. Plusieurs cabanes de ce type ont été construites sur l'île, à partir d'éléments déposés en hélico, par des missions précédentes. Nous sommes trois : Hervé, Vincent, un météorologue qui a accepté de venir nous prêter main-forte, et moi. Dès l'après-midi, nous gravissons le dôme de la Tête d'Homme. Hervé y a repéré un gisement assez étonnant qu'il souhaitait me montrer. En effet, dans un filon, une poche de quelques mètres renferme des cristaux géants de micas noirs, des biotites. Ces minéraux se sont développés en minces feuillets pseudo-hexagonaux de plusieurs centimètres, sous l'effet de la pression des fluides magmatiques.

Le lendemain, nous partons à pied, avec tente et couchage, pour la vallée du mont Rond. Le trajet nous demande une journée pleine. De bons grains nous arrosent à intervalles réguliers. Nous croisons toutes sortes d'animaux étonnants, nullement effrayés par notre présence : des otaries, des manchots gorfous avec leurs aigrettes jaunes sur la tête. Des albatros fuligineux à dos clair nous survolent en planant.

Nous dressons une coupe minutieuse des falaises de bord de mer, qui nous réservent bien des surprises. À cent mètres d'altitude, nous repérons, intercalés entre des coulées de lave solidifiées, des niveaux contenant des fossiles de mollusques, des coquilles de natice et de bivalves. Ceci témoigne d'une variation importante du niveau de la mer depuis l'ère Tertiaire : est-ce l'île qui s'est soulevée ou la mer qui s'est retirée ? Les deux phénomènes se sont sans doute combinés, ce qui explique l'importance de la dénivellation observée. Plus étonnant encore, nous retrouvons des branches d'arbres pétrifiés, silicifiés, probablement des conifères de type araucaria. Il faut donc imaginer que jadis cette île désolée était chaude, humide et couverte de végétation. Elle se situait plus près des tropiques, puis a ensuite dérivé vers les régions australes plus froides. Nous rentrons à la cabane phonolite, les sacs à dos remplis d'échantillons.

Au mont Rond, on découvre des niveaux de fossiles marins.

Le Halage des naufragés, entre les presqu'îles Ronarc'h (au premier plan) et Jeanne d'Arc (à l'arrière-plan). On distingue un massif de phonolite, constitué de roches volcaniques claires, intrusif dans les basaltes sombres.

Le cinquième jour, nous avons fixé notre premier rendez-vous au « Halage des naufragés », petit isthme reliant les presqu'îles de Ronarc'h et de Jeanne d'Arc. Nous y sommes de bonne heure. Bientôt nous voyons apparaître le petit bateau de liaison, *La Japonaise*, barrée de main de maître par Denis, son capitaine. Un zodiac est mis à l'eau pour venir nous récupérer. Nous repartons en direction de Port Jeanne d'Arc, dans la partie occidentale de la presqu'île Jeanne d'Arc. En approchant du rivage, nous découvrons les restes rouillés d'un village fantôme. Des chasseurs de baleine norvégiens ont vécu ici entre 1908 et 1926. Depuis, le port est mort. Nous débarquons avec de la nourriture pour plusieurs jours. Patrice remplace Vincent.

Rendez-vous au Halage des naufragés, où le bateau La Japonaise vient nous récupérer, par l'intermédiaire d'un petit zodiac.

A P.J.D.A. (Port Jeanne d'Arc), la vie semble s'être arrêtée d'un seul coup. Quelques cheminées se dressent, implorant le ciel gris. Un wagonnet gît sur des rails tordus, en bout de voie. Le baraquement en bois est en grande partie effondré. Nous nous installons dans la construction la moins délabrée : un véritable hôtel de luxe pour nous. Il compte quatre pièces alignées : une pour les vivres et les repas, une pour le matériel et les cailloux, une pour étendre et faire sécher les tentes, et la dernière, équipée de « bannettes », où nous dormons. Le soir, le site devient fantasmagorique. Chaque rafale de vent déclenche des bruits de tôles qui s'entrechoquent. Nous nous glissons dans nos duvets froids, qui se réchauffent doucement. Puis nous soufflons la bougie. Nous dormons comme des loirs.

Les vestiges de Port Jeanne d'Arc, aujourd'hui ville fantôme.

Pour préciser la succession des épisodes volcaniques, nous remontons chaque jour la vallée d'un ru différent : ravin Jaune, ravin du Charbon... Des niveaux, de quelques mètres d'épaisseur, de coulées de lave homogène et de brèches constituées de fragments volcaniques soudés, se succèdent. Puis nous comparons les coupes géologiques ainsi obtenues pour tenter d'établir des corrélations stratigraphiques. Des dykes, filons intrusifs verticaux mimant de petits murs, recoupent les couches horizontales, ce qui complique notre interprétation. Avec une boussole, nous en mesurons soigneusement les directions, témoins des plans de faiblesse structuraux de la croûte terrestre. Le dôme Rouge, formé de couches concentriques qui le font ressembler à un gigantesque oignon, le puy Saint Théodule et le volcan du Diable dominent le paysage.

Puis nous nous dirigeons vers la vallée des Neiges, qui porte bien son nom puisque des averses de grésil ne cessent de nous cingler le visage. Nous y repérons un massif de roches grenues d'origine profonde, des gabbros et des diorites. Par ailleurs, des fragments grenus se retrouvent aussi en enclaves dans les laves. Voilà qui est très intéressant car nous allons pouvoir établir les relations génétiques entre les magmas qui ont cristallisé au sein de l'écorce et ceux qui ont figé en surface. Sur le chemin du retour, nous traversons un sol rouge et caillouteux, formant d'étranges structures géométriques, de formes polygonales. J'ai l'impression d'évoluer sur la planète Mars.

Notre forme physique s'améliore constamment. Malgré le froid, la pluie, la neige et l'eau glacée des ruisseaux que nous buvons, nous ne sommes jamais malades, pas le moindre rhume… car nous avons laissé tous les virus en Europe !

Sixième jour à P.J.D.A. Le bateau doit arriver aujourd'hui. Mais nous apprenons par radio que cette visite est ajournée car des vents de 140 km/h soufflent à P.A.F. Il est impossible de mettre une embarcation à la mer. Nous profitons de cette journée de tranquillité pour ranger le matériel, mettre les notes au propre. Je déambule au milieu des vestiges du village, visite l'intérieur des bâtiments, essayant d'imaginer quelle pouvait être la vie des hommes bien courageux qui vivaient ici, complètement isolés, il y a plus d'un demi-siècle. Le lendemain tout est OK. Denis et La Japonaise sont exacts au rendez-vous. Ils nous déposent à l'embouchure du val de l'Acœna (du nom d'une plante courte formant sur l'île des pelouses glissantes). Nous échangeons des roches contre des vivres et Patrice contre Mathias.

Nous remontons la vallée pour installer notre campement au lieu-dit Trois Vallées. La première précaution consiste à dresser un mur de trois mètres de long et d'un petit mètre de haut. Les blocs de rochers ne manquent pas ! Ce mur protégera des vents violents nos deux petites tentes, de type « sarcophage », très basses, encore plus vers les pieds qu'à la tête. Recouvertes d'aluminium, elles sont parfaitement conçues pour les climats froids.

Le mont Evans, le Phare et d'autres intrusions phonolitiques, de 700 m d'altitude, se dressent dans le paysage. Nous établissons une nouvelle série de coupes géologiques. Des basaltes s'empilent sur des centaines de mètres en véritables « trapps », témoins de l'histoire de l'île. Celle-ci a dû se former à l'aplomb de la ride médio-océanique de l'océan Indien, il y a environ cinquante millions d'années. Elle se situait alors dans un contexte équivalant à celui de l'Islande actuellement sur

À Port Jeanne d'Arc, les manchots sont rois.

la dorsale médio-atlantique. Puis une partie a dérivé jusqu'à sa position actuelle. Nous notons, dans ces basaltes, des accumulations (des cumulats) de minéraux lourds et noirs, des pyroxènes, et des filons d'aragonite blanche.

Au retour de l'un de ces transects, nous avons beaucoup de mal à retraverser le val de l'Acœna car toute une zone relativement plate est transformée en marécage, en « souille », comme on dit à Kerguelen. Localement, de véritables sables mouvants pourraient nous ensevelir instantanément. Nous progressons très prudemment, en file indienne, l'homme de tête assurant chaque pas, les deux autres prêts à lui lancer une bretelle de sac à dos pour qu'il puisse s'y agripper. Après de multiples détours, nous rejoignons notre campement.

Il faut se mouvoir une dernière fois. Démonter le campement, charger les sacs, franchir un col à 550 m et redescendre au niveau de la mer vers l'anse de la Canicule, nom bien étonnant pour un lieu où la température dépasse rarement quelques degrés. Par contre, l'anse de Belzébuth, non loin de là, me semble mieux nommée. C'est le royaume des gorfous sauteurs. Le lendemain, l'exploration du ravin de l'Aiguille est au programme. Dans la matinée des grains successifs ne cessent de nous rincer. Mais nous devinons déjà, à l'arrière, un coin de ciel bleu, « une culotte de gendarme », qui annonce une accalmie dans dix minutes ; puis de lourds nuages sombres réapparaissent et ainsi de suite. Au plus fort de la bourrasque, immuablement, Hervé, sans perdre son flegme, avoue « penser déjà à son *deuxième* café » qu'il prendra à son retour. Alors, nous l'entourons pour l'aider à allumer une cigarette, dos au vent. De beaux minéraux nous récompensent : des enclaves de péridotite constituée d'un assemblage d'olivines toutes vertes, des géodes magnifiquement cristallisées de quartz et de zéolites blanches.

Dans l'après-midi le ciel se dégage d'un seul coup et le soleil brille. Nous atteignons les confins du ravin. Un impressionnant piton de phonolite, s'y dresse, dans un décor vraiment lunaire. Je propose de la nommer « aiguille Gagarine »… du nom de mon idole d'enfance.

Le soir, c'est un peu la fête au camp car nous terminons une première mission de seize jours. L'hélicoptère doit venir nous récupérer le lendemain dans la matinée. Nous nous offrons un dernier repas « amélioré ». Dans la nuit, un vent terrible se lève. On entend chaque rafale arriver depuis la mer. À chacun des coups de vent, les tentes gonflent. Chaque fois on pense qu'elles vont éclater. Nous sortons d'urgence les renforcer. Au petit matin, la brume a tout envahi, la visibilité ne dépasse pas cinq mètres. Une pluie froide tombe à intervalles réguliers. La vacation à la radio B.L.U. nous confirme ce que nous savions déjà : une grave perturbation vient d'arriver, les vents soufflent à 150 km/h à P.A.F. et le vol hélico est, bien évidemment, annulé. Nous passons la journée sous la tente, entrecoupée de brèves sorties, qui, malheureusement, ne nous laissent aucun espoir du côté de la météo. La nuit suivante arrive, aussi agitée que la précédente, puis l'aube tout aussi désespérante. Nous sommes complètement bloqués, sous la tente depuis 36 heures, et notre autonomie en vivres diminue sérieusement. À Port-aux-Français l'inquiétude commence à poindre. À midi, en accord avec la base, nous décidons de rallier Port Jeanne d'Arc à pied. Il faut compter cinq heures de marche, escalader le col de nouveau, dans l'autre sens cette fois. En cours de route, nous tombons sur un affleurement intéressant, qu'il serait dommage de ne pas échantillonner. Mais j'oublie mon marteau sur place. Je m'en aperçois peu après, fais demi-tour mais n'arrive pas à le retrouver. Je lègue ainsi un fossile bien curieux pour les générations à venir... Nous rallions P.J.D.A. un peu avant six heures du soir, fourbus mais soulagés. Nous commençons à nous installer dans la baraque que nous connaissons bien, pour préparer la nuit. Retentit alors la corne – triomphante! – de *La Japonaise*: Denis a décidé de venir à notre secours malgré une mer difficile. Nous l'accueillons avec de grands moulinets des bras et embarquons rapidement. Le retour sur P.A.F. est très sportif. Nous passons la pointe Molloy. La nuit est tombée. Denis se dirige au radar pour éviter les écueils. Nous arrivons à dix heures du soir sous une pluie battante. Jacques Bulle nous attend sur le quai et nous accueille chaleureusement. Le lendemain, un miroir me renvoie l'image d'un étranger: avec ma barbe de dix-sept jours, j'ai un air de Robinson Crusoé! En fait, nous avons vraiment eu de la chance de pouvoir rentrer car la tempête continue à faire rage pendant encore 48 heures. Les vagues explosent littéralement contre la jetée du petit port.

Entre deux séjours sur le terrain, je profite du relatif confort de P.A.F. Je visite la petite bibliothèque, installée dans un vieux bâtiment en bois, le seul qui subsiste de la base pionnière. Le fonds de livres s'est enrichi par les legs successifs des occupants du lieu. J'y trouve notamment l'étonnant récit de Michel Siffre, spéléologue, qui raconte les deux mois qu'il a passé, isolé, dans le gouffre de Scarasson, du 16 juillet au 17 septembre 1962. Le titre de son livre, *Hors du temps*, me semble faire écho à l'expérience que je suis en train de vivre. Toutefois, en ce qui me concerne, je ne suis pas complètement coupé des miens puisque je peux envoyer et recevoir un message de 50 mots, dit « familial », une fois par semaine.

Nous partons en bateau, durant une journée entière, pour la petite île Murray, qui a conservé sa végétation pionnière et plus particulièrement les fameux choux de Kerguelen. Ceux-ci, énormes, ont fait le régal des lapins importés dans d'autres îles de l'archipel, où ils ont presque disparu. Le sommet de l'île, à 55 m, est occupé par un ancien phare norvégien. La coupe géologique montre, dans la partie supérieure, des phonolites porphyriques, contenant des cristaux de quelques millimètres et, dans la partie inférieure, des basaltes aphyriques, sans cristaux visibles à l'œil nu. Au retour, nous sommes escortés par quantité de dauphins joueurs.

Nous préparons une nouvelle mission importante de neuf jours pour explorer la partie orientale de la presqu'île Jeanne d'Arc. Notre troisième homme s'appelle Karl. *La Japonaise* nous dépose sur la côte nord. Dans la journée, à pied, nous rallions avec tout notre chargement, la côte sud, inaccessible par le petit bateau. Nous dressons le camp à Val Gabbro. Après quelques efforts, nous retrouvons le container de vivres, préalablement déposé par un hélicoptère. Dans un premier temps, nous évoluons au-dessus de la baie des Licornes, limitée à l'est par le cap du Challenger, l'extrémité la plus méridionale de l'archipel. Nous trouvons de nombreuses roches magmatiques grenues, cristallisées en profondeur: diorites, théralites, syénites et, bien sûr, des gabbros, dont le site tire son nom. Le lendemain, nous descendons la falaise des Pétrels noirs, noyée dans le crachin. Nous découvrons d'autres roches grenues et pouvons bien observer leur contact avec les anciennes laves. Nous atteignons le niveau de la mer et une manchotière peuplée de gorfous sauteurs et macaronis. Le jour suivant, nous poursuivons notre chemin, encore plus à l'est.

De nombreux filons, de quelques dizaines de centimètres d'épaisseur, recoupent les coulées. Mais les conditions atmosphériques se dégradent de plus en plus. Le grésil fait place à la neige, emportée par des bourrasques de vents de plus en plus violents, dont la vitesse dépasse largement la centaine de kilomètres par heure. Se tenir debout devient problématique. Tant bien que mal, nous franchissons un col à quatre pattes. Et nous sommes persuadés que nos tentes ont été arrachées. Aussi, quelle surprise de les découvrir, en contrebas dans la vallée, toujours ancrées, luttant vaillamment contre les rafales impétueuses. La fin de journée est difficile. Il s'avère quasi impossible de faire cuire quoi que ce soit sur notre réchaud qui ne cesse de s'éteindre. Nous nous contentons d'un quart de potage, dont nous buvons une gorgée à tour de rôle. La nuit rappelle celle passée à anse Canicule, les tentes menaçant d'exploser à chaque instant. Nous levons le camp de bonne heure le lendemain, alors que le temps s'est remis au beau et nous rallions la cabane du val du Levant.

Nous y passons quelques jours pour compléter nos informations, en particulier sur la montagne des Dames anglaises. Un matin, Hervé se réveille avec un sérieux mal de dos consécutif aux charges trop lourdes, qu'il n'a cessé de porter. Rien de dramatique mais il est clair qu'il ne pourra rallier à pied le point de rendez-vous avec le bateau. Il est évacué par hélicoptère. Karl et moi, nous restons à deux pour rentrer le lendemain par bateau comme prévu.

Notre campement à Val Gabbro. De gauche à droite : Jacques-Marie Bardintzeff, Hervé Leyrit et Karl Heuga.

Mais à notre réveil, au petit matin, on découvre un paysage particulièrement maussade, sous un plafond très bas, balayé par de fortes rafales de vent. Il paraît évident que nous ne pourrons pas être récupérés aujourd'hui. Avec philosophie, nous nous préparons un copieux petit-déjeuner. Un appel radio de Denis nous interrompt : il y a une mer d'huile à P.A.F. et il est en route pour venir nous chercher ! C'est le branle-bas de combat car il n'y a plus une seconde à perdre. Il faut boucler les sacs, ranger et fermer la cabane. Nous sortons sous le crachin et, après avoir franchi un petit col, nous entamons la descente. Mais, à la boussole, je me rends compte que nous nous dirigeons vers l'anse de l'Antarctic. C'est à dire que nous redescendons le flanc que nous venons de grimper. Comme il est facile de se perdre dans le brouillard ! Redoublant de précaution, nous reprenons le bon cap, louvoyant au milieu des zones marécageuses. Nous rejoignons le bras Bolinder, très précisément entre le « i » et le « n » de la carte, où *La Japonaise* arrive bientôt.

Au fil des semaines, la géologie de Kerguelen dévoile, peu à peu, ses secrets. Il nous reste à effectuer une dernière mission importante, la plus éloignée du camp de base, la plus étonnante aussi. Départ à six heures du matin. Nous rejoignons, en trois heures de bateau, la petite base d'Armor. Une poignée de courageux essaie d'y implanter un élevage de saumons. L'hélicoptère nous y rejoint. Dans un premier temps, il doit nous emmener sur l'îlot Gaby, que nous souhaitons échantillonner. Mais sur place, il s'avère impossible de trouver un mètre carré de surface plate et la dépose, sur un seul patin, est plutôt sportive. L'hélico repart aussitôt. Nous avons quelques heures de solitude totale devant nous, seuls au monde. Les roches grenues abondent, toutes différentes, sombres, grises ou claires (on dit scientifiquement mélanocrates, mésocrates ou leucocrates), finement cristallisées ou contenant des minéraux de grandes taille en forme de lattes, affleurant en petits massifs ou en filons. Sur la pente raide, nous essayons de marcher comme des dahus, ces animaux montagnards mythiques, qui possèdent des pattes plus courtes d'un côté que de l'autre. Un bourdonnement caractéristique nous rappelle trop vite que le temps passe. Remonter dans l'hélicoptère, à un mètre du sol, est encore plus difficile que d'en descendre. Chacun d'un côté, Hervé et moi essayons de nous caler, avec les sacs au milieu. Nous repartons en direction de Baie Larose, le secteur le plus occidental que nous aurons à étudier. Nous contournons le mont Ross englacé. Un fort vent de face contrarie la progression de l'appareil, qui, par moments, fait du sur-place. Le niveau de fioul baisse de façon inquiétante. Dans mes écouteurs, j'entends le pilote égrener tous les jurons de son répertoire bien fourni. J'admire son adresse ; c'est un as. Apparaît le fameux Doigt de Sainte-Anne, très impressionnant vu du ciel. Nous parvenons à détailler les prismations complexes de ce piton de trachyphonolite. Il reste juste assez de carburant pour atteindre le bidon de secours que nous avions déposé, il y a plus d'un mois, en arrivant à bord du *Marion Dufresne*. Le mécanicien, aidé du pilote, remplit les réservoirs, à l'aide d'une petite pompe à bras. Un dernier saut de puce, de cinq cents mètres, nous dépose devant une jolie cabane, presque un chalet ! Une deuxième navette hélico ramène Philippe Bouchet, pharmacien et mycologue, grand connaisseur des champignons, y compris ceux de taille microscopique. De nouveau, nous sommes trois, loin de tout.

Nous longeons la côte. En face de nous, à main gauche, se dresse le Peigne, une étrange falaise. Sur la plage, les éléphants de mer se prélassent, rêvassent. Des tout jeunes, des anciens au cuir ridé qui arborent les cicatrices de leurs combats, et même un squelette, qui gît, quasi intact : l'ensemble présente le raccourci saisissant d'une vie. Les manchots se promènent, discutent puis nagent. Les Durvillea (dédiées à Dumont d'Urville, grand explorateur de l'Antarctique), longues algues de la famille des laminaires, laissent flotter leur chevelure au grès des courants… Une matinée ordinaire des mers du Sud. Nous approchons du Doigt de Sainte-Anne, de plus en plus vertical et impressionnant. Nous en escaladons un peu plus de la moitié, jusqu'à cinquante mètres de hauteur, pour prélever différents échantillons de cette intrusion complexe.

Eléphants de mer à baie Larose. Au fond, le mont Ross enneigé, point culminant de l'île (1 850 m).

Manchots royaux devant le mont Ross.

Le Doigt de Sainte-Anne, intrusion volcanique déchaussée par l'érosion.

Le lendemain matin, pour rejoindre la plaine de Dante, nous devons traverser la bordure d'une manchotière. Il est tôt. Les milliers de manchots dorment encore, debout, la tête sous une aile. Parfois, l'un d'entre eux se réveille et nous regarde, éberlué. Certains, l'esprit aventureux, décident de nous suivre pour un bout de chemin. Je pose mon sac à dos et m'éloigne de quelques mètres pour casser un fragment de roche. À mon retour, je découvre mes petits compagnons, la tête plongée dans le grand sac, en train d'en faire l'inventaire!

L'hélicoptère est de retour. Je ressens une certaine nostalgie de quitter ce lieu magique, où, je le sais bien, je ne reviendrai jamais.

Les jours s'écoulent de plus en plus vite. Je visite encore (en tracteur!) le cap Ratmanoff où une épave d'hélicoptère soviétique rouille lentement. Impuissants, nous assistons à la lente agonie d'un éléphant de mer prisonnier d'un marécage. Quelques jours aussi sur la presqu'île du Prince de Galles, jusqu'à pointe Suzanne et les falaises du cap Millon. Nous avons invité Denis à délaisser provisoirement son bateau pour nous accompagner dans cette randonnée terrestre. La succession des terrains (la stratigraphie) se lit très bien dans le paysage, où alternent les niveaux volcaniques et les niveaux sédimentaires, fluviatiles avec des galets, ou marins à fossiles de coquillages et de dents de requins. Au centre de la presqu'île, se dresse dans le paysage un filon gigantesque, roche Phonolite, long de 200 m, haut de 36 m et large d'environ 20 m. Il est si parfaitement prismé qu'on le jurerait édifié par des êtres cyclopéens. Hervé me raconte qu'un filon du même type, baptisé la « muraille de Chine », existe à Ronarc'h.

En mars, les jours commencent à diminuer: c'est le début de l'automne austral. Il nous faut numéroter et mettre en caisses une tonne d'échantillons!

Le matin gris du 11 mars, le *Marion Dufresne* réapparaît. Le départ de Kerguelen a lieu le 13 mars à 17 heures. Une très grande émotion de laisser des amis, qui vont hiverner sur place pendant de longs mois: des marins aguerris éclatent en sanglots!

Dès la sortie du golfe du Morbihan, nous sommes secoués par une mer très grosse, atteignant le degré 8 sur les 9 possibles de l'échelle de référence. Quelques jours plus tard apparaît Saint-Paul, demi-cratère ouvert sur la mer, et la Nouvelle-Amsterdam où le « ramassage scolaire » se poursuit. La température est déjà plus douce. Les fonds marins sont peuplés de langoustes délicieuses. Les hommes de pont malgaches m'invitent à participer à une pêche miraculeuse de poissons de toutes tailles et de toutes couleurs: cabot, rouget, et une sorte de barracuda. Le chef de mission nous propose de profiter d'une rotation hélico pour nous faire déposer sur le flanc de l'ancien volcan, plus précisément au-dessus de l'alignement des cratères de Vénus: une dernière aventure volcanologique avec Hervé. Le sol est recouvert d'un épais tapis de mousses et de lichens, fluorescent par endroits, qui masque de profondes crevasses. Une vache domestique, échappée de son enclos, est d'ailleurs tombée dans l'une d'entre elles. Je progresse en tête, avec d'infinies précautions. Nous parvenons difficilement à collecter quelques échantillons de lave scoriacée sous ce couvert végétal, et arrivons sans encombre à la base Martin de Viviès.

La température s'élève et, bientôt, nous nous retrouvons torse nu sur les ponts du navire exposés au soleil tropical. Nous accostons à l'île de la Réunion le 23 mars. Je profite de l'escale pour visiter le piton des Neiges. À la Fournaise, au pas de Bellecombe, un épais brouillard bouche la vue au-delà de quelques mètres. Une alerte cyclonique est déclarée. Il est temps de rentrer en métropole, où j'arrive le 29 mars après un périple de trois mois. En France, déjà la végétation s'éveille, les jours s'allongent. 1989 restera pour moi « l'année aux deux étés ».

Les manchots royaux sont d'une charmante compagnie.

> “…De là le volcan fait du soulèvement
> de la croûte, puis le cratère subitement
> troué au sommet du volcan.
> Alors aux phénomènes éruptifs
> succédèrent les phénomènes volcaniques.”
>
> Jules Verne, *Voyage au centre de la Terre*

À Dajdovnitza, dans les Rhodopes bulgares, l'érosion a étrangement sculpté les dépôts volcaniques. Par exemple ce rocher mime les pattes massives d'un diplodocus pétrifié.

© J.-M. Bardintzeff / Yot

CHAPITRE 8

Le tour du monde des volcans

Plus de cent vingt expéditions, toutes enthousiasmantes, m'ont fait faire plusieurs fois le tour du monde des volcans. J'en ai vu de tous les types ! Impossible de tout raconter ! Simplement évoquer certains souvenirs plus marquants que d'autres.

Dans les années 80, débutent, grâce aux volcans, deux grandes histoires d'amitiés.

Yotzo Yanev, de nationalité bulgare, est venu pour six mois comme professeur associé à Orsay en 1983-1984. Je l'ai accueilli à l'aéroport d'Orly quelques jours avant Noël. Immédiatement, j'ai apprécié ce monsieur d'une grande gentillesse, simple et modeste, extrêmement cultivé et plein d'humour, francophile et francophone. Nous avons présenté, à nos ministères respectifs des Affaires étrangères, un projet de coopération scientifique entre le Centre national de la recherche scientifique (C.N.R.S.) et l'Académie bulgare des sciences, qui a été accepté pour trois ans, de 1993 à 1995. Chacune de ces années nous nous sommes mutuellement rendus visite. J'ai découvert son beau pays au charme slave : les deux coupoles dorées de la basilique Alexandre Nevski à Sofia, Plovdiv la nostalgique sur la Maritza, ce fleuve si bien chanté par Sylvie Vartan… Nous sommes allés tout au sud du pays, non loin de la frontière turque, dans le massif des Rhodopes, encore habités par des ours. Il m'a conduit sur des volcans de l'ère Tertiaire et plus précisément du Priabonien et de l'Oligocène, âgés de 37 à 25 millions d'années. Vers Dajdovnitza, aux confins d'un petit canyon, l'érosion y a sculpté un bestiaire fabuleux : des colonnes miment les pattes massives d'un diplodocus. Nous avons découvert aussi, dans la caldeira de Borovitza, pour la première fois au monde, une variété d'épidote, anormalement riche en manganèse et en terres rares, en lanthane notamment. Ceci nous vaudra un prix de l'Académie bulgare des sciences.

Pascalis Dalabakis est grec. Il est venu dans mon laboratoire pour y faire une thèse sur l'île de Kos. Celle-ci est couverte de dépôts (des téphras) résultant d'éruptions volcaniques explosives, précisément celles qui m'intéressent le plus. Sa passion dévorante pour le sport a achevé de nous rapprocher. Naturellement, j'ai été amené à co-diriger sa thèse et, en 1987, à me rendre avec lui à Kos, que j'avais déjà visitée lors de vacances précédentes. Plus tard, dans le cadre de la Communauté économique européenne, nous avons collaboré sur un programme axé sur l'île de Santorin et sa surveillance. En effet, depuis l'éruption cataclysmale datée vers

Coulée de lave au Kilauea à Hawaii.

1610 av. J.-C. (peut-être à l'origine de la légende de l'Atlantide), des éruptions plus modestes se sont succédé, la dernière en 1950. Des îles – Palea Kammeni et Nea Kammeni (Kammeni: « brûlé ») – ont émergé au cœur de la caldeira envahie par la mer. Une nouvelle éruption, même mineure, pourrait avoir des conséquences importantes sur cette île qui compte 9 500 habitants l'hiver mais accueille jusqu'à 80 000 touristes durant l'été! Nous prenons en compte les différents types de risques envisageables: émission de laves et extrusion de dômes, projection de blocs, bombes et cendres, libération de gaz, tsunami à l'intérieur ou à l'extérieur de la caldeira, séisme d'origine volcanique.

1993, l'année de mes quarante ans, fut pour moi particulièrement éruptive et magmatique, avec Hawaii en mars puis, entre septembre et novembre, l'Australie, le Vanuatu, Madagascar et la Bulgarie.

Hawaii, au cœur du Pacifique, est l'éden de la volcanologie. J'y pars avec une équipe de copains. Notre DC 10 fait une première escale à Toronto par -9 °C. À Honolulu, il fait presque 30 °C! Il faut faire encore un dernier saut de puce jusqu'à l'île d'Hilo, avec ses cinq volcans dont deux actifs, le Mauna Loa et le Kilauea. Ce dernier est en éruption quasi continue depuis le 3 janvier 1983 (et celle-ci va durer plus de trente-cinq ans, jusqu'au 3 mai 2018!). Les coulées de lave, d'une température d'environ 1 100 °C, présentent une fluidité extrême. On les appelle pahoehoe, par opposition aux coulées visqueuses aa, deux termes polynésiens utilisés aujourd'hui par la communauté scientifique. Elles parcourent tout un réseau de tunnels anastomosés et s'écoulent par endroits à l'air libre, en lobes successifs. J'en prélève un fragment encore en fusion. La chaleur est intolérable. Il s'agit d'une variété de basalte appelé « tholéiite ». Je souhaite comparer leur composition chimique à celle des laves équivalentes de deux autres îles océaniques que j'ai étudiées auparavant: Fangataufa (l'atoll voisin de Mururoa) et Kerguelen.

J.-M. Bardintzeff mesure la température de la lave au Kilauea à Hawaii (en avril 2001).

Vue d'hélicoptère du piton Kapor, au piton de la Fournaise dans l'île de la Réunion, en éruption en avril 1998.

ENCADRÉ 12

Les îles océaniques

De nombreuses îles ont une origine volcanique (Réunion, Hawaii, Polynésie française, Galápagos, île de Pâques, etc.). Dans un premier temps, un volcan sous-marin (un « seamount ») prend naissance par plusieurs kilomètres de fond. S'il émerge, il forme une île. En zone intertropicale chaude, des coraux constituent une chaîne autour de l'île (chaque élément de la chaîne s'appelle un « motu » en Polynésie), isolant un lagon du reste de l'océan, comme à Tahiti par exemple. Ensuite, le volcan s'enfonce et disparaît en mer. Parfois, seul un anneau corallien subsiste : il s'agit d'un atoll, tel celui de Mururoa.

Le cratère Rano Kau, à l'île de Pâques, île d'origine volcanique.

Certaines coulées de lave arrivent jusqu'à la mer, à Kamoamoa. La rencontre de l'eau et du feu, deux éléments aussi exclusifs l'un de l'autre, est explosive. Au contact du magma, l'eau de mer se vaporise. La transformation de l'eau en vapeur s'accompagne d'une augmentation considérable du volume et donc d'une importante surpression. Celle-ci est responsable d'explosions violentes, qualifiées de « phréatiques », qui se succèdent dans un fracas sourd.

Maintenant, un filet de lave continu tombe dans la mer du haut d'une petite falaise. Il serait dangereux de s'y aventurer car les vagues en sapent la base et l'ensemble risque de s'effondrer à chaque instant. La chaleur est infernale, suffocante. Les semelles de nos chaussures commencent à fondre. Debout sur une dalle rocheuse, nous observons ces phénomènes. Puis nous sentons la dalle qui bouge sous nos pieds et commence à basculer... De la lave rouge orange sort d'une fissure voisine !

Le magma qui tombe dans l'océan s'y pétrifie instantanément en blocs, emportés encore rougeoyants par le ressac. Ils nous lancent un dernier clin d'œil pathétique de désespoir mais nous ne pouvons rien pour eux. Au crépuscule, les volutes de vapeur prennent une teinte orangée. Le spectacle devient dantesque.

Nous dormons à la belle étoile dans une petite crique. À intervalles réguliers je me réveille, vérifie la rotation des constellations dans le ciel et entends le combat titanesque qui se poursuit à quelques dizaines de mètres de là, entre l'eau et le feu. Aucun des deux éléments ne veut céder à l'autre.

Au cours de la matinée, nous progressons sur ce champ de lave. À notre retour, une mauvaise surprise nous attend : la végétation s'est enflammée, nous interdisant toute retraite. Nous sommes cernés de tous côtés, par la mer, par la lave, par le feu… Aussi, quelle joie de voir surgir une équipe de pompiers au milieu des nuages de fumée ! Ils nous expliquent par signes comment les suivre et, avec eux, nous traversons le rideau de flamme.

Le petit cône du Pu'u O'o renferme un lac de lave, phénomène exceptionnel. On n'en connaît en effet que quelques-uns au monde, presque permanents à l'Erta Ale en Éthiopie, au Nyiragongo dans la République Démocratique du Congo, à l'Erebus en Antarctique, plus ou moins éphémères au Masaya au Nicaragua, au Villarica au Chili, au Bembow et au Marum au Vanuatu. En effet, l'existence d'un tel lac suppose un flux de chaleur important et constant : s'il augmente, une éruption peut vidanger le lac ; s'il diminue celui-ci se fige. Il faut compter six heures de marche pour atteindre le Pu'u O'o. Nous dressons nos tentes au pied du cône. Une dernière grimpette. Le lac est là, fascinant. Il occupe un cratère de 80 m de diamètre et sa surface se situe à 70 m sous les lèvres de celui-ci. Il est recouvert d'une pellicule de lave figée, rouge sombre, qui se déchire en fissures concentriques, laissant apparaître le magma couleur d'or. Un mouvement de convection l'anime et une fontaine de lave, d'une quinzaine de mètres de hauteur, jaillit en son centre. L'onde de chaleur monte jusqu'à nous. Une véritable marmite du diable… La nuit tombe. Le lac prend des teintes pourpres. Nous restons là, plusieurs heures. Je suis conscient de la chance que j'ai d'admirer l'un des plus beaux spectacles que puisse offrir la nature. Je pense à Isabelle, ma femme, qui, à cette heure, doit prendre son petit déjeuner à Boulogne…

Le lac de lave du Pu'u O'o à Hawaii en fin d'après-midi (mars 1993).

Le lac de lave du Pu'u O'o, dans le massif du Kilauea à Hawaii, en mars 1993.

En septembre de la même année, je pars pour l'Océanie, au Vanuatu. Dans cette région du Pacifique ouest, la plaque indo-australienne plonge sous le bassin nord-Fidjien, donnant naissance à un volcanisme explosif exubérant. Environ quatre-vingt îles forment un archipel de « cendre et de corail ». Une visite d'une partie de celui-ci, rassemblant une vingtaine de spécialistes internationaux, est organisée par mes amis Claude Robin et Michel Monzier dans le cadre de l'Assemblée générale de l'I.A.V.C.E.I. (Association internationale de volcanologie et de chimie de l'intérieur de la Terre, *Earth* en anglais), qui se tient juste après, à Canberra, en Australie. À l'aéroport de Port-Vila, la capitale du Vanuatu, un Twin Otter, petit avion bimoteur, nous attend. Nous sommes pesés à tour de rôle avec notre petit sac à dos, seul autorisé. Un employé additionne consciencieusement les poids au fur et à mesure : il n'est pas question de dépasser les normes autorisées de l'appareil, qui va décoller avec les réservoirs remplis de carburant. Le reste du fret nous rejoindra en bateau en fin de journée car nous partons pour une aventure d'une semaine au moins.

L'avion a décollé vers le nord par un temps superbe. Survol du Lopevi, cône remarquable aux deux cratères sommitaux adjacents, libérant quelques fumerolles, culminant à 1 447 mètres. Plus loin, la gigantesque caldeira d'Ambrym, de 12 km de diamètre, est vraiment spectaculaire. De nombreux cratères s'emboîtent les uns dans les autres, dont le Bembow et le Marum ; des évents libèrent furieusement des panaches de gaz sous pression. La chaleur crée des turbulences qui secouent vivement l'appareil. Nous atterrissons sur une piste en herbe à Walaha dans l'île d'Aoba, pour observer des basaltes picritiques, très riches en olivines.

Nouveau décollage dans l'après-midi, en direction du sud cette fois. Juste après le départ, nous survolons deux lacs. L'un « normal », d'un bleu profond, et l'autre plus « diabolique », vert pâle. Ce dernier, le lac Voui, de 2 km de diamètre, occupe un cratère. Il présente en son centre une tache décolorée de 200 m de diamètre, associée à des bouillonnements constants, bien visibles. Tout autour, il ne reste que le spectre de la forêt vierge, empoisonnée par les gaz toxiques. Nous arrivons finalement sur l'île de Tongoa, résidu rocheux du rempart de la grande caldeira de Kuwae, envahie par la mer. Toute la population du village s'est donné rendez-vous au bord de la piste pour accueillir « les hommes venus du ciel ».

Le lendemain, nous étudions les successions de dépôts « pyroclastiques » résultant d'éruptions violemment explosives, et surtout leur relation avec la formation, par effondrement, de la caldeira. Il faut parfois s'agripper aux falaises marines, en espérant que la marée nous laissera le temps de revenir. Nous repérons des niveaux de cendres jaunes, altérées, typiques des éruptions « hydrovolcaniques », résultant d'un contact eau-magma.

En fin d'après-midi, à Burao, dans le nord de l'île, nous sommes conviés à une danse initiatique autour d'un totem : dans toutes ces îles le volcan est déifié. Des hommes se sont parés de plumes d'oiseaux et miment leur envol. Nous remettons des cadeaux aux chefs coutumiers : des outils et, toujours, un sac de riz, symbolique. Nous sommes invités à partager les mets des villageois, assez étonnants il faut bien l'avouer. Le plat local est le seima : un mélange de viandes, de tubercules et de légumes est enveloppé dans de longues feuilles de bananiers avec des pierres de laves brûlantes d'un foyer et cuit ainsi à l'étouffée. Mais ma préférence va aux gâteaux à la patate douce. Par contre, j'essaye d'éviter le kava, breuvage local plutôt corsé, à base de racines macérées, qui paralyse la mâchoire inférieure un bon quart d'heure durant…

Le lendemain soir, nouvelle fête à Panita. Puis nous dormons à même le sol dans une petite église désaffectée. Le jour de notre départ, au petit matin, nous avons la surprise et la stupeur de découvrir 200 personnes, alignées entre notre camp et notre bateau, pour un « au revoir » chargé d'émotion. Avant d'embarquer, en file indienne, nous serrons les mains de chacun et échangeons des sourires mais nous savons que nous ne nous reverrons probablement jamais. L'une des danseuses de la veille me donne en guise de porte-bonheur le plumet qu'elle portait dans ses cheveux.

Nous effectuons une sorte de « cabotage volcanologique ». Notre joli bateau de 40 m, le *Cap des pins*, nous conduit d'île en île, chacune nous offrant son lot de joies et de découvertes. À chaque fois, on nous réserve un accueil enthousiaste.

Après une nuit en mer, nous accostons à Port Lenakel, sur l'île de Tanna. Le Yasour est un volcan sacré. Petit (350 m d'altitude) mais particulièrement actif, il rejette, en grondant sourdement, un gros nuage gris sombre de cendres, tous les quarts d'heures en moyenne. Son dynamisme est typiquement strombolien. Son cratère,

Le volcan Yasour, dans l'île de Tanna au Vanuatu, manifeste une activité quasi continue.

de 500 m de diamètre et de 250 m de profondeur, semble démesuré par rapport à la taille de l'édifice. De son bord, en plongeant le regard dans le gouffre, on repère trois dépressions intracratériques. L'une d'entre elles rougeoie par intermittence : la gueule du monstre. Plusieurs stations automatiques de surveillance, mesurant sa température et enregistrant ses moindres soubresauts, veillent en permanence.

À Port Résolution, où affleurent des ignimbrites, les femmes appellent, en chantant sur la côte, un dugong, sirénien voisin du lamantin, baptisé aussi « vache marine », traduction de l'anglais *cow-fish*. L'animal arrive bien vite pour nager avec nous. Mais un collègue australien trop empressé est vivement congédié par le gros mammifère marin d'habitude si placide ! La dernière image du Vanuatu. Il faut songer à regagner Port-Vila puis l'Australie, où m'attendent les kangourous et les koalas.

Les dépôts de lahars du Pinatubo aux Philippines, étrangement sculptés par l'érosion.

ENCADRÉ 13

Les risques volcaniques

On distingue classiquement sept types de risques volcaniques :

1. *Les coulées et les lacs de lave.*
2. *Les retombées de cendres et de bombes.*
3. *Les nuées ardentes.*
4. *Les gaz toxiques.*
5. *Les coulées boueuses ou « lahars ».*
6. *Les instabilités et glissements de terrain.*
7. *Les raz de marée ou « tsunamis ».*

*Les quatre premiers types, qui résultent directement de l'activité du volcan (« le volcan tue »), sont appelées risques « **primaires** ».*

*Les lahars et les instabilités sont différés dans le temps par rapport à l'éruption. Ces phénomènes peuvent se produire plusieurs jours, semaines, voire plusieurs mois ou années plus tard. Les tsunamis affectent des régions éloignées du volcan. Le volcan tue alors indirectement. Ces risques sont dits « **secondaires** ».*

*Enfin, des risques « **tertiaires** » résultent de l'occupation humaine : effondrements de constructions, ruptures de canalisations d'eau ou de gaz, incendie de matières inflammables, épidémies…*
Les risques secondaires ou tertiaires sont parfois plus importants que les risques primaires.

Je me rends à Madagascar à deux reprises, en 1993 et 1994. La « Grande Île » a commencé à se séparer du reste du continent africain, à la fin de l'ère Primaire, vers 250 millions d'années. L'ouverture (le *rifting*) du canal de Mozambique a été accompagnée d'importants épisodes d'épanchements de lave, qu'il est possible de retrouver sur la côte ouest de l'île, très difficile d'accès car envahie par la mangrove. Au nord, près de Diego-Suarez (Antsiranana), la montagne d'Ambre ressemble un peu à notre chaîne des Puys, mais elle est recouverte de fougères arborescentes, habitée par des sangsues mais aussi par de bien sympathiques lémuriens.

À Madagascar, en octobre 1993 : dans la région de Maevatanana, un chercheur d'or m'explique comment prélever et trier les sables aurifères dans une batée, puis repérer la pépite jaune.

Aux Philippines, le Pinatubo, après un sommeil de 611 ans, a été le siège, en 1991, de la plus importante éruption du XXe siècle. Le paroxysme a eu lieu entre le 12 et le 16 juin. Un panache explosif s'est élevé très haut dans la stratosphère, jusqu'à 40 km d'altitude. L'éruption s'est poursuivie en 1992 et 1993, rejetant des quantités phénoménales de cendres et de fragments ponceux. 250 000 habitants ont été évacués et donc sauvés. On déplore toutefois plusieurs centaines de morts, certains victimes de maladies. 1,2 million de personnes se sont retrouvées sans abri.

Au total, on estime entre 8 et 10 km^3 le volume de téphras (matériaux volcaniques fragmentés) éjectés et retombés sur les flancs de l'édifice, en position très instable. Dès le 14 juin 1991, le typhon Yunya en a transformé une partie en boues, qui se sont épanchées en coulées dévastatrices, les redoutables lahars. Des centaines de lahars se sont succédé, toujours dangereux, à chaque saison des pluies. En octobre 1995, le PHI.VOLC.S. (l'Institut philippin de volcanologie et de sismologie) organise un atelier de travail, un workshop, sur ce sujet et invite quelques experts internationaux. J'ai l'honneur d'y participer et de représenter mon pays. L'armée philippine met un gros hélicoptère à notre disposition, pour un survol de la région. La base aérienne américaine Clark a été très endommagée et en grande partie désaffectée. Je partage avec le mécanicien un siège latéral, idéalement placé face au paysage. Les portes de plexiglas ont été enlevées et, dès le décollage, les pales nous envoient un courant d'air frais, bien agréable dans la moiteur tropicale. Nous survolons la vallée Pasig, radiaire à l'édifice, sur son flanc est. Les dépôts de lahar apparaissent, gigantesques, accumulés sur des dizaines de mètres d'épaisseur. Les plus anciens ont déjà été entaillés en profonds canyons. Une quantité fantastique de niveaux variés témoigne de la succession de phases de dépôts et de creusements. Leur surface est étrangement sculptée et ciselée par un réseau hydrographique branchu, véritable figure fractale. Soudain, une colonne de vapeur explose sous nos pieds, provenant d'une poche d'eau – dont le sol est gorgé – prisonnière des dépôts et surchauffée. Cette explosion « phréatique », qui nous a surpris, atteste, si besoin était, que le volcan est toujours bien actif. De telles explosions sont relativement fréquentes et toujours dangereuses.

Le sommet apparaît, ou plutôt ce qu'il en reste, car il a été littéralement décapité par l'explosion cataclysmale et a perdu 145 m d'altitude. Un grand cratère, de deux kilomètres de diamètre, contient un lac d'acide bleu vert : au centre, une grande tache décolorée indique l'émission de fluides hydrothermaux sous-lacustres. Nous poursuivons notre vol au nord par les vallées O'Donnell et Balin Baquero. Les dépôts de lahar forment des sortes de delta. Plus loin, sur le flanc est, d'autres lahars ont complètement obstrué le cours de la rivière Mapanuepe, formant un lac de barrage, qui a noyé une partie de la région. Mais la digue naturelle risque de rompre à tout moment. Les émissions hydrothermales et le développement de bactéries donnent à l'eau des couleurs étranges, allant du rouge brique au vert émeraude. Le flanc sud a été épargné : les villages et les rizières sont intacts. Mais dès que nous arrivons dans le secteur sud-est, une zone basse, marécageuse près de la baie de Manille, l'étendue de la récente catastrophe apparaît considérable. Une surface boueuse, qui semble illimitée, donne au paysage un aspect lunaire. Les villages ont été recouverts sous plusieurs mètres de boue.

Nous visitons la ville de Bacolor, à 30 km au sud du volcan, quelques jours après le passage du typhon Mameng du 1er octobre 1995. Ce jour-là, plus de 300 mm d'eau sont tombés en moins de 24 heures, soit plus d'un tiers de ce qui tombe sur Paris en un an. La ville est complètement dévastée par les coulées boueuses. Un pont de fortune en bambou permet l'accès au village, en attendant la fin de la construction du nouveau pont. Les maisons sont ensevelies, les toitures emportées, les véhicules engloutis... Des meubles, de la vaisselle, etc., gisent épars. La statue d'un homme illustre émerge d'un champ de boue qui a dû être la place principale. Il règne une forte odeur de putréfaction et une chaleur très pénible. Les mouches et moustiques ont envahi les lieux.

Une voiture emportée par un des nombreux lahars du Pinatubo aux Philippines, près de Bacolor, en octobre 1995, plus de quatre ans après le début de l'éruption.

Prélèvement des cendres émises par le Pinatubo lors du paroxysme des 14 et 15 juin 1991.

Deux Philippins recherchent, à l'aide de sondes métalliques de plusieurs mètres de long, l'emplacement de la route où leur camion est enseveli. L'un d'entre eux est même encordé pour ne pas être englouti. En effet, les dépôts de lahar gardent pendant plusieurs jours une consistance de sables mouvants, avant de durcir comme un véritable ciment.

Courageusement, la population fait face. Les Philippins ont donné la priorité à la restauration de leur église. Des digues de ciment sont dressées pour prévenir les catastrophes futures. Il faut aussi remettre en état les lignes électriques, les canalisations... Des postes d'observation avancés sur le volcan permettent maintenant d'alerter la population, qui ne dispose cependant que de moins d'une heure pour évacuer le site, car les lahars progressent à des vitesses comprises entre 15 et 30 km/h.

Je prélève dans Abacan River une succession d'échantillons superposés, représentatifs de la phase paroxysmale des 14 et 15 juin 1991. À l'aide d'un pinceau, je prépare une surface nette, non polluée par des particules extérieures. Avec un mètre de couturière, je mesure précisément les épaisseurs de chaque niveau, sachant qu'elle diminue quand la distance au cratère augmente.

Le continent africain reste alors pour moi le plus méconnu. Aussi, en avril 1996, quand l'occasion se présente de partir pour l'Afrique noire, je n'hésite pas. L'Afrique de l'Est est coupée par un gigantesque système de fractures, des rifts, probables berceaux de l'humanité puisque on y a trouvé les fossiles humains les plus anciens. Sur leurs bords se dressent de grands volcans dont le célèbre Kilimandjaro, chanté pour ses neiges éternelles. Cent cinquante kilomètres à l'ouest, toujours en Tanzanie, un autre volcan a retenu notre attention, l'étrange Ol Doinyo Lengai, la montagne sacrée des Massaïs. Il produit des laves uniques au monde, des carbonatites, noires comme l'encre. À l'aéroport d'Arusha, nous sommes accueillis par le grand sourire de Yuda Mkai. Il nous conduira en voiture tout-terrain jusqu'au pied de la montagne sur des pistes de plus en plus défoncées en cette saison des pluies. Les Massaïs, tout de rouge vêtus et armés de sagaies, nous saluent par de grands gestes et nous accompagnent en courant sur quelques dizaines de mètres. Les grands animaux de la savane africaine – girafes, zèbres et gnous – broutent paisiblement. En fin de journée, le cône régulier du Lengai apparaît. Nous dressons le camp à son pied, dans le tout petit village de Ngaraserro à environ 1 000 m d'altitude. Il faut encore négocier avec les porteurs du lendemain, avant de se coucher pour une courte nuit. Réveil à trois heures. Boucler les sacs. Yuda nous emmène en voiture jusqu'à 1 220 m. Il reviendra au même endroit dans trois jours. C'est maintenant à nous de jouer. La caravane s'ébranle dans la nuit. Il est cinq heures, la Rift Valley s'éveille. Les premiers rayons du soleil éclaireront bientôt cette fracture majeure de l'écorce terrestre.

ENCADRÉ 14

Surveillance, prévision et prévention

On dénombre sur la Terre une centaine de volcans dangereux. La plupart sont surveillés 24 heures sur 24 depuis un observatoire, construit sur une zone non exposée (une colline voisine) mais disposant d'une vue directe sur le volcan. Deux méthodes principales permettent de prévoir la prochaine crise éruptive et d'en suivre l'évolution :

*– **des sismographes** sont capables d'enregistrer des séismes de très faible amplitude (parfois imperceptibles pour l'homme). Ils témoignent de la montée du magma profond, qui risque de jaillir en surface dans les 24 à 48 heures ;*

*– **inclinomètres, des géodimètres et des GPS** permettent de mesurer la moindre déformation de l'édifice (de l'ordre de quelques millimètres), qui gonfle très légèrement quand le magma monte.*

Ces appareils, disposés sur le volcan, transmettent leurs données à l'observatoire.

D'autres méthodes peuvent apporter des compléments :

– suivi de la température et de la composition chimique des gaz et des sources ;

– mesure de l'évolution des champs gravimétrique, magnétique et électrique ;

– interprétation des images obtenues par les satellites.

Il faut aussi connaître les antécédents du volcan par l'étude des dépôts (laves, cendres) laissés lors de ses différentes éruptions.

Des cartes de risques sont alors dressées. Des couleurs symbolisent les dangers : rouge pour un risque maximum, puis orange, jaune et vert pour les zones non exposées. Des surcharges précisent le type de risque (voir encadré n° 13 « Les risques volcaniques », dans ce même chapitre).

La protection civile consiste à enseigner aux populations menacées la conduite à tenir en cas d'éruption. Des antennes médicales spécialisées sont constituées pour porter secours aux populations touchées.

Protection civile et information des populations. Projet d'une plaquette présentant, sous la forme d'une bande dessinée, les risques volcaniques dans l'île grecque de Santorin. Héphaïstion, un jeune berger de la Grèce antique, donne des conseils de prudence et de bon sens. De haut en bas et de gauche à droite : rester éloigné des coulées de lave ; se protéger le visage des gaz toxiques ; attention aux projections de bombes volcaniques jusque dans la mer ; gagner les points élevés en cas de tsunami ; s'abriter sous des structures solides en cas de séisme.

L'auteur du livre à côté d'une station de surveillance volcanologique installée au pied du Yasour au Vanuatu. De gauche à droite : un pluviomètre, un sismographe, une sonde thermique. Un panneau de cellules photoélectriques capte l'énergie solaire pour faire fonctionner la station. Les paramètres enregistrés sont envoyés par radio (antenne sur la gauche de la photo) à l'observatoire de Port-Vila.

Des macaques nous accompagnent sur un bout de chemin. Leurs silhouettes se détachent sur le ciel matinal orangé. La dernière partie de la grimpée devient de plus en plus sportive : une pente raide, instable sous nos pieds. Quelques chutes de pierres nous incitent à mettre nos casques par précaution. Au-dessus de nous, vers le sommet, nous apercevons une grande échancrure rocheuse par laquelle il faudra passer pour accéder au domaine des dieux, à près de 3 000 m d'altitude. Après six heures d'effort, le cratère nous apparaît, tout rond, d'un diamètre d'environ 300 m pour une profondeur de 50 m. Des failles radiaires libèrent d'abondantes fumerolles. Une vingtaine de *hornitos*, petits volcans miniatures d'un peu plus d'une dizaine de mètres de haut, se côtoient. Plusieurs d'entre eux ont l'air actif. Nous choisissons un emplacement judicieux pour nos deux petites tentes : pas trop près du fond pour éviter les gaz nocifs mais pas trop près de l'arête pour rester protéger du vent et des orages. Justement, à mi-hauteur, une petite plate-forme fait parfaitement l'affaire. Nous libérons nos porteurs qui, tout légers, se lancent en courant dans la descente, chantant à tue-tête. Et nous partons à la découverte du cratère. Une langue de lave noire semble toute récente. Sa partie médiane bouge encore. En amont, il s'agit d'une véritable petite rivière de lave d'une fluidité extrême, qui s'écoule en cascade d'un hornito. En une centaine de mètres, elle devient visqueuse et pâteuse avant de s'immobiliser, pétrifiée. Mais attention à ne pas poser le pied dessus car la croûte superficielle se brise facilement. Ces laves sont uniques au monde car constituées de carbonates et non de silicates. Plus précisément, il s'agit de carbonates de sodium et de potassium. Leur température de fusion, deux fois plus faible, atteint cependant 500 °C. Elles sont d'une couleur d'encre, bien différente des autres, écarlates. Rapidement, elles s'altèrent et deviennent complètement blanches. L'Ol Doinyo Lengai est un volcan en noir et blanc…

Vers le sommet du Lengai, en Tanzanie.

Au sommet du Lengai avec un porteur masaï.

Nous nous approchons prudemment du hornito qui libère ces flots de lave. Son flanc est en partie éventré. En l'escaladant, nous surplombons un petit lac de lave noire, de quelques mètres de diamètre, qui gicle furieusement. On voit battre le cœur du monstre.

L'origine de ces laves étonnantes reste encore une des énigmes de la pétrologie. Il semblerait qu'en profondeur, dans la chambre magmatique, le magma se sépare en deux phases, un peu comme l'huile et le vinaigre (on parle d'immiscibilité). La phase minoritaire, qui s'épanche actuellement, est carbonatée. La phase majoritaire, qui constitue le substratum du volcan, est plus classique, silicatée, comme par exemple le basalte et la phonolite. Je prélève un bon kilo de carbonatite. La nuit, dans la tente, nous sommes bercés par le bruit de ressac du lac lavique : on se croirait au bord de la mer !

Le lendemain, le volcan apparaît relativement calme. Nous faisons tout le tour du cratère, examinons différents hornitos. Sous le soleil, l'eau manque déjà cruellement et il faut se rationner. En effet, plusieurs bouteilles d'eau se sont éventrées dans les sacs des porteurs au cours de la montée. Le soir, un fantastique orage magnétique illumine le massif. Le troisième jour, le volcan est à nouveau très actif. D'un autre hornito jaillit, à plusieurs mètres de hauteur, une fontaine intermittente de lave, qui se désagrège en paquets, eux-mêmes éclatant en gouttelettes. Vingt à trente jets se succèdent pendant des phases de deux minutes, séparées par quinze à vingt minutes de repos durant lesquelles des gaz sont bruyamment libérés. En fin de matinée, le jet de lave sort en continu. Ce volcan constitue un véritable petit laboratoire naturel, où tous les processus se produisent en vitesse accélérée.

Mais il faut aussi penser à lever le camp. La descente commence, difficile, surtout que, sans nos porteurs, nous avons deux sacs chacun. Il faut assurer chaque pas. Très vite, nous distinguons un minuscule point blanc, si loin en contrebas. C'est la voiture de Yuda, fidèle au rendez-vous. Il doit suivre notre progression à la jumelle et nous lui faisons de grands signes. Mais nous ne sommes pas au bout de nos peines. Il faut veiller à ne pas s'égarer car les gigantesques canyons qui balafrent l'édifice nous interdiraient de rejoindre ensuite le bon chemin. Épuisés et assoiffés, nous en terminons enfin avec cette descente qui semblait ne jamais devoir finir.

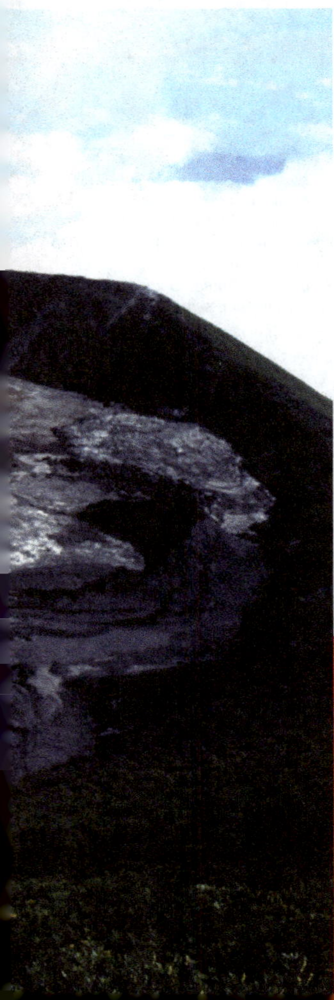

Le sommet du Lengai est occupé par un cratère circulaire de 300 mètres de diamètre. À l'intérieur, s'y dressent plusieurs « hornitos », volcans miniatures.

Le volcan dans la mythologie gréco-romaine. Pendant que Vulcain, dieu du Feu et du Métal, travaillait avec les Cyclopes dans ses forges sous les volcans, Vénus son épouse légitime mais frivole, le trompait outrageusement. De colère, il déclenchait alors des éruptions.

© Aquarelle : Isabelle Bardintzeff.

Le Lagon Bleu en Islande est formé par le rejet d'eaux chaudes d'une usine géothermique que l'on aperçoit en arrière-plan.

ENCADRÉ 15

Le volcan utile

Le volcanisme est connu pour ses effets néfastes, voire meurtriers. Cependant, si les volcans ont toujours été déifiés, c'est non seulement par dévotion pour leur puissance, mais aussi parce qu'ils sont utiles et même nécessaires. En effet, ils apparaissent comme :

– source de vie et de fertilité : par ses émanations dégagées au cours des premiers temps de la Terre, le volcanisme a joué un rôle dans l'origine de l'atmosphère, de l'hydrosphère et indirectement de la vie. Des îles volcaniques créent des territoires nouveaux. Les sols volcaniques sont particulièrement fertiles ;

– source de matières premières utiles (minerais) et énergétiques (géothermie) ;

– source de santé (eaux thermales), occasion de pratiquer des sports et différents loisirs (randonnées, ski, VTT, etc.), ou l'art (par diverses représentations, peintures, statues, etc.) ;

– enfin, ils ont jadis procuré à nos ancêtres de la préhistoire des abris sous des coulées solidifiées, des troglodytes creusés dans des tufs volcaniques soudés, et plus tard, des pierres et fragments (pouzzolanes) pour la construction.

Les moaï de l'île de Pâques, sculptés dans des roches volcaniques.

Cette même année 1996, la maison de production Marathon me contacte dans le cadre d'une série de douze émissions pour la cinquième chaîne de télévision, *Les coulisses de la science*. Une équipe de cinéastes se rendrait en août en Papouasie - Nouvelle-Guinée pour s'intéresser aux espèces animales et végétales de la canopée, la partie supérieure de la forêt tropicale. La responsable me demande s'il n'y aurait pas moyen d'en profiter pour y tourner le thème « volcans ». Justement, l'un de mes bons copains, Patrice de Saint-Ours, est en poste depuis une quinzaine d'années au Volcano Observatory, et la caldeira de Rabaul est en pleine activité depuis deux ans. Nous tenons le sujet idéal et nous discutons du scénario. Contacté, Patrice me répond positivement, avec l'accord du directeur de l'observatoire.

Le 2 août, je m'envole pour Sydney où je passe la première nuit. Le lendemain, dans le taxi me reconduisant à l'aéroport, le chauffeur me donne son avis sur la Papouasie « *it's a very strange place* ». Escale à Brisbane, puis arrivée à la capitale Port-Moresby pour la deuxième nuit. Le périple n'est pas terminé pour autant. Un dernier vol pour Rabaul, dans l'île de la Nouvelle-Bretagne. Nous atterrissons sur une piste construite à la hâte avec de la « soupe » de fragments coralliens. Quelques jours plus tard, je verrai l'aéroport principal, complètement détruit par l'éruption, où gît une carcasse d'avion qui le hante encore. Par le hublot, j'aperçois la silhouette de Patrice : il n'a pas changé. Sympas, les retrouvailles ; on a tellement de choses nouvelles à se raconter et de bons souvenirs à évoquer.

Je découvre la grande caldeira de Rabaul, large structure volcano-tectonique. Envahie par la mer, elle mesure 12 km de long et 9 km de large, pour une profondeur atteignant 300 m. Entre septembre 1983 et mai 1984, une crise très alarmante avait été enregistrée avec une fréquence anormalement élevée d'événements sismiques, jusqu'à 14 000 pour le seul mois d'avril 1984. Une éruption majeure était attendue d'un jour à l'autre : « Waiting for the big bang ». Puis tout est rentré dans l'ordre pendant dix ans.

Patrice me détaille la formidable éruption du 19 septembre 1994, qui a débuté quasi simultanément sur les deux bords diamétralement opposés de la caldeira. Un tel phénomène, exceptionnel, apparaît extrêmement inquiétant, car il peut laisser craindre une éruption « ignimbritique » majeure, libérant des dizaines de kilomètres cubes de magma. Deux petits cônes, d'environ 200 m de hauteur, se réveillent : le Tavurvur, situé sur le bord est, à 6h06, et le Vulcan, sur le bord ouest, à 7h17. Le Tavurvur éjecte des cendres jusqu'à 8 km d'altitude, émet une petite coulée de lave. Son activité se poursuit jusqu'au 23 décembre. Le Vulcan est actif moins longtemps mais encore plus intensément : au paroxysme, son panache de cendres de type « plinien » atteint 20 km d'altitude, c'est-à-dire la stratosphère. Le 2 octobre, le volcan est à nouveau tranquille. À son pied, des coraux ont été soulevés de plus de cinq mètres !

La ville de Rabaul et les villages environnants, situés sur le trajet des vents dominants, ont été enfouis sous un à deux mètres de cendres. De fortes pluies ont engendré des coulées boueuses (lahars) destructrices. Des tsunamis, avec des vagues de quatre à cinq mètres, ont dévasté le port. Environ 25 000 personnes, totalement sinistrées, ont perdu leur maison et la quasi-totalité de leurs biens. Au total, 80 000 personnes ont été évacuées et sauvées. On déplore cependant dix

Explosion au Tavurvur, volcan situé au bord de la caldeira de Rabaul, en Papouasie-Nouvelle-Guinée.

tués et quelques blessés au cours des semaines d'éruption, victimes de la foudre, de l'effondrement des toits des maisons, des coulées boueuses, d'asphyxie et de maladies, de l'isolement, et d'accidents de la circulation dus à la panique. Le coût total de l'éruption est chiffré à plus de 150 millions d'euros, ce qui est dramatique pour ce pays pauvre.

Au début de l'éruption, Patrice a connu les vingt-quatre heures les plus angoissantes de sa vie et a bien cru sa dernière heure arrivée. Il est resté en permanence en alerte à l'observatoire pour suivre les paramètres de l'éruption, sous un orage épouvantable. La foudre tombait tout autour, sans discontinuer. Sa maison a été détruite et il a fallu trouver un hébergement provisoire pour sa femme et ses trois jeunes enfants… Puis ils ont emménagé dans une jolie petite villa, plus loin, dans une zone épargnée. Au bout du pré, il suffit de s'équiper d'un masque et d'un tuba pour admirer le lagon et ses étoiles de mer d'une couleur bleue électrique.

Le réalisateur et le cameraman nous rejoignent. Nous survolons le site en hélicoptère. Le Tavurvur, qui s'est réveillé en février 1995, est toujours très actif. Il libère toutes les deux minutes un panache, tantôt blanc car riche en vapeur d'eau, tantôt noir car contenant des cendres en abondance. Nous traversons la caldeira dans un petit bateau à moteur et débarquons au pied du volcan. Nous le gravissons jusqu'à mi-hauteur mais les retombées de cendres et de bombes nous obligent à faire demi-tour. De l'autre côté de la caldeira, le Vulcan, assoupi nous regarde : ses deux petits cratères latéraux, parfaitement circulaires, semblent deux orbites vides.

Jacques-Marie Bardintzeff au Tavurvur, en Papouasie-Nouvelle-Guinée.

Les cendres et les gaz retombent sur Rabaul, devenu une ville fantôme sous son linceul. Au milieu des décombres, gît une poupée démembrée. Parmi les ruines de la poste, des fils émergent d'une cabine téléphonique défoncée. Du terrain de tennis, seule émerge la chaise de l'arbitre. Certains sinistrés essayent de récupérer des planches ou une tôle. En périphérie, il faut balayer chaque jour les cendres des toits des quelques maisons encore debout.

La ville de Rabaul détruite par l'éruption.

À Rabaul, le cours de tennis a été recouvert par plusieurs mètres de cendres, lors de la crise éruptive qui a débuté en septembre 1994. La chaise perchée de l'arbitre émerge encore tout juste !

L'observatoire enregistre 3 000 à 5 000 signaux sismiques par mois. Un appareil COSPEC (*Correlation spectrometry*) nous permet d'évaluer à distance la teneur en dioxyde de soufre du panache éruptif, qui en libère chaque jour 500 à 1 000 tonnes. Avec un géodimètre, nous procédons à des mesures de déformation du sol (la tiltmétrie). Localement, nous relevons des inflations ou des déflations du sol de 5 à 50 micro-radians, ce qui prouve bien que la crise n'est pas près de s'arrêter.

Lors de la crise éruptive de Rabaul, Jacques-Marie Bardintzeff procède à des mesures de déformation du sol à l'aide d'un géodimètre.

ENCADRÉ 16

Combien de volcans et d'éruptions ?

On dénombre plus de 10 000 volcans sur les continents et encore plus sous les océans. 1 546 d'entre eux ont fait éruption au cours des 10 000 dernières années. Une centaine sont considérés comme actuellement très dangereux.

On note une quarantaine d'éruptions par an, faisant au total quelques dizaines de morts. Chacune dure en moyenne une à deux semaines, rarement plus d'un mois. Les éruptions cataclysmales ne se produisent que toutes les quelques dizaines d'années.

Les différentes phases de l'explosion du geyser Strokkur (« la baratte ») en Islande. Il jaillit régulièrement, toutes les 10-15 minutes, à une hauteur d'une quinzaine de mètres.

Nous visitons le camp de réfugiés de Vunamani, toujours « provisoire »... deux ans après le début de l'éruption. Le chef du village nous explique ses difficultés. Les habitants, courageux, nous invitent gentiment dans leurs baraquements. Une école de fortune fonctionne tant bien que mal. Une vieille dame nous mime l'éruption de...1937 à 1943, qui fit 500 morts.

Le 30 septembre 1996, j'apprends, par un message internet de mes collègues islandais, le réveil, dans leur île, d'un volcan situé sous l'immense glacier Vatnajökull. Je connais déjà ce pays pour y avoir séjourné plusieurs semaines : les quatre éléments règnent en maître et imposent leurs lois.

L'Islande est une île d'une superficie égale au cinquième de celle de la France. Le glacier Vatnajökull (« le glacier des eaux »), situé dans sa partie sud-est, de 140 km de long, 90 km de large et jusqu'à 2 km d'épaisseur, est grand comme la Corse. Pas moins de six volcans sont connus sous cette énorme calotte glaciaire. La forte activité sismique enregistrée témoigne d'une reprise d'activité du système volcanique fissural, d'une vingtaine de kilomètres de long, situé entre le Bardarbunga au Nord et les lacs Grimsvötn au Sud.

Une équipe de reporters du *Figaro Magazine* souhaite se rendre sur les lieux et me demande de l'accompagner comme conseiller scientifique. Nous partons immédiatement. Dès le lendemain de notre arrivée, un premier survol permet de repérer une longue zone de fusion du glacier d'où s'échappent des volutes blanches de vapeur d'eau.

Nous prenons nos quartiers dans le petit village de Kirkjubæjarklaustur, le plus proche du glacier, que nous survolons les jours suivant dès que le temps le permet. Il est gigantesque, hérissé d'aiguilles et entaillé de profondes crevasses. Malgré l'habilité de Hermann, le pilote du bimoteur, nous sommes singulièrement secoués par les turbulences de l'air. Un jour de grand beau temps, nous apercevons une vaste dépression circulaire d'environ un kilomètre de diamètre, avec des cassures concentriques du glacier, d'où s'échappe en permanence un important panache de vapeur d'eau, haut de plusieurs kilomètres. En outre, à intervalles d'une à trois minutes, des jets de cendres fusent à grande vitesse, jusqu'à plusieurs centaines de mètres de hauteur. Au sud de cette dépression, une importante fissure du glacier, de trois km de long et de 300 m de large, orientée pratiquement nord-sud, s'est formée, remplie d'un mélange noirâtre d'eau de fonte et de cendres. Cette fissure

La caldeira centrale de l'Askja en Islande, d'un diamètre de 5 kilomètres, résulte de l'éruption majeure de 1875. Elle contient le lac Öskjuvatn, recouvert en grande partie de glace. Au premier plan, le petit cratère Viti (« l'enfer ») contient un lac d'eau chaude, à trente degrés environ, coloré en vert par les fumerolles et les sources, où il est possible de se baigner, après plusieurs heures de marche dans la neige !

se prolonge vers le sud par un tunnel sous-glaciaire d'environ trois kilomètres alimentant le lac Grimsvötn. Celui-ci, qui mesure huit kilomètres de long et six de large, émet en permanence des fumerolles. Mais il est le plus souvent recouvert d'une épaisse couche de glace d'où son nom qui signifie « lacs masqués ».

L'explosivité importante apparaît tout à fait typique des éruptions phréatomagmatiques (appelées également hydrovolcaniques), résultant du contact eau-magma. Le magma, émis à une température de l'ordre de 1 000 °C, vaporise brutalement une importante quantité d'eau. Le passage de l'eau liquide à l'état de vapeur se traduit par une augmentation de volume considérable, qui donne un caractère hautement explosif à l'éruption. Le magma, refroidi de plusieurs centaines de degrés, se pulvérise en cendres fines, encore brûlantes mais déjà solides.

L'éruption dure maintenant depuis plus d'une semaine. Une partie significative de la calotte de glace a dû fondre en profondeur. De gigantesques poches d'eau, d'un volume total estimé à trois kilomètres cubes au moins, se sont ainsi accumulées sous le glacier. La superficie du lac Grimsvötn a grandi de 12 km^2 à 40 km^2. Le front

L'éruption sous-glaciaire du Vatnajökull en octobre 1996.

glaciaire risque de rompre à tout instant, libérant un flot chargé de cendres, de blocs de glaces et de roches. Ce sont les redoutables *jökulhlaup*, « glaciers qui courent » en islandais. Mais le lâcher d'eau glaciaire, qui semblait devoir être imminent et important dès le début de l'éruption, n'a toujours pas lieu, ce qui est assez surprenant. Il faut bien comprendre cependant que l'eau de fonte doit parcourir plusieurs dizaines de kilomètres sous l'énorme glacier avant d'en sortir. Deux scénarios peuvent alors être envisagés : soit un écoulement vers le sud, qui risquerait d'endommager, voire de détruire route et ponts, soit un écoulement vers le nord, beaucoup plus catastrophique, puisqu'il menacerait des habitations et installations hydroélectriques. En outre, des tsunamis ne sont pas à exclure en bord de mer.

Régulièrement, nous empruntons la route conduisant à Skaftafell, en passant sous le front glaciaire. Nous le surveillons toujours d'un œil inquiet, surtout quand j'échantillonne dans la rivière Skeidara. Nous rencontrons une vieille femme qui habite Skaftafell depuis 1953 : elle a assisté au *hlaup* de 1954, puis à plusieurs

ENCADRÉ 17

Données et records volcanologiques

Les données

- Répartition géographique : des volcans existent sous toutes les latitudes. Le plus proche d'un pôle est l'Erebus, situé en mer de Ross dans le continent Antarctique (77°58' de latitude sud).
- Nombre de victimes : depuis 1700, les volcans ont fait 265 000 morts.
- Température : quand il atteint la surface, le magma en fusion a une température comprise entre 900 °C et 1200 °C.
- Hauteur : un panache éruptif peut atteindre plus de 50 km de haut.
- Vitesse :
  – Une coulée de lave peut exceptionnellement progresser à 50 km/h voire 75 km/h près de son lieu d'émission mais elle avance ensuite le plus souvent à quelques km/h, voire seulement à quelques m/h.
  – Une nuée ardente se propage entre 200 km/h et 600 km/h.
- Âge : les volcans les plus importants « vivent » plusieurs centaines de milliers d'années, jusqu'à quelques millions d'années.

Les records

- Le plus haut volcan : le Nevado Ojos del Salado culmine à 6 885 m au Chili. Le Mauna Loa, à Hawaii, atteint 4 170 m au-dessus du niveau de la mer, soit plus de 9 000 m (plus haut que l'Everest) au-dessus des fonds océaniques de 5 000 m environ de profondeur. Sur la planète Mars, Olympus mons, le plus haut volcan du système solaire atteint 22 500 m.
- La plus petite éruption : elle a résulté d'un forage géothermique effectué en 1977 dans la région du volcan Krafla en Islande et a produit... 1,2 m^3 de lave.
- La plus longue coulée : deux anciennes coulées mesurent 160 km de long, l'une dans la région de Columbia River au nord-ouest des États-Unis, l'autre dans la région d'Undara en Australie.
- La plus grosse bombe volcanique : 8,5 m de long, dans la Sierra de la Primavera au Mexique.
- Les plus fortes éruptions :
  – effusives (laviques) : en 1783, le Laki en Islande a produit 14,7 km^3 de lave en 9 mois. Les trapps du Deccan dans l'ouest de l'Inde, coulées de lave vieilles de 65 millions d'années, ont recouvert, sous une épaisseur de 3 km, une surface de la taille de la France, soit un volume de 2 millions de km^3, auxquels il faut encore ajouter une importante quantité située sous la mer, et sans oublier les roches érodées depuis.
  – explosives : le Tambora en Indonésie a expulsé 110 km^3 en 1815. L'énergie libérée (1,4 x 1020 Joules) était égale à 7 millions de fois celle de la bombe atomique de Hiroshima. On a déploré entre 60 000 et 92 000 morts, soit l'éruption la plus meurtrière de l'histoire. L'éruption de Toba, également en Indonésie, a libéré 13 600 km^3, il y a 75 000 ans.

Le volcan Olympus mons, sur la planète Mars, inactif aujourd'hui, est le plus grand volcan du système solaire. Sa hauteur atteint 22,5 kilomètres et sa superficie correspond presque à celle de la France !

autres. Elle connaît tous les symptômes annonciateurs, qui se manifestent plusieurs jours avant la catastrophe : gonflement du glacier, odeur épouvantable de soufre, de chlore et de putréfaction (les oiseaux meurent empoisonnés), sa toiture en plomb-zinc noircit ainsi que son argenterie protégée dans des écrins de velours. Sa « prévision », pleine de bon sens, complète les enregistrements des sismographes des scientifiques ! Ceux-ci effectuent des dosages de soufre, chlore et fluor dans les rivières et mesurent la conductivité de l'eau. On sait que ces valeurs augmentent brusquement quelques heures avant le lâcher glaciaire. Des bulldozers construisent à la hâte des digues, qui semblent bien illusoires. Plus l'éruption tarde, plus elle sera catastrophique.

Quinze jours après notre retour en France, j'apprends que le jökulhlaup issu du Vatnajökull s'est finalement épanché brusquement le 5 novembre, plus d'un mois après le début de l'éruption. Le débit a atteint 45 000 m^3 par seconde, soit vingt fois celui du Rhône ! Les dégâts, très importants, sont estimés à 15 millions de dollars : routes coupées, ponts emportés. Il reste une immense étendue noire et nauséabonde… Mais, heureusement, on ne déplore aucune victime.

En fin d'année 1997, un événement important mais d'une nature non géologique s'est produit à Boulogne. Il faut dire que la date du 20 novembre était cochée depuis bien longtemps sur mon agenda fictif, pour fêter les 100 ans de mon grand-père. Hélas, il nous a quittés un peu plus tôt, après 97 ans d'une vie bien remplie. Je ne pouvais pas prévoir, que précisément ce 20 novembre, je donnerais un premier biberon de 10 ml, en complément de sa tétée, à ma petite fille, née deux jours auparavant. Ma femme et moi sommes immédiatement tombés d'accord pour l'appeler Jade, un prénom vraiment minéralogique, parfait pour notre petite « pierre précieuse ».

Éruption nocturne au piton de la Fournaise dans l'île de la Réunion.

Ces responsabilités nouvelles m'incitent à redoubler de précautions lors de mes missions futures…

1998 est consacrée en priorité aux îles volcaniques. Le piton de la Fournaise, dans l'île de la Réunion, entre brusquement en activité le 9 mars, après six années de sommeil, durée anormalement longue. Je m'y rends en avril. Le piton Kapor, nouveau petit volcan, né dans l'immense caldeira de l'Enclos, est véritablement déchaîné. Il libère des coulées de lave écarlate, propulse des salves de bombes incandescentes. Un survol en hélicoptère me révèle même l'existence d'un petit lac de lave dans le cratère. L'éruption durera plus de six mois.

En juin, je réalise le plus grand rêve de tout naturaliste : je visite les îles Galápagos, sur les traces de Charles Darwin et du navire Beagle (le mien s'appelle San Jose). L'archipel des Galápagos, situé en plein Pacifique, à un millier de kilomètres à l'ouest des côtes de l'Équateur, est constitué de treize îles principales, toutes d'origine volcanique. Vingt et un volcans en émergent, dont neuf actifs. Dans l'île d'Isabela, je repère la grande caldeira de Sierra Negra, de forme elliptique, mesurant 10 km de long et 7 km de large, pour une profondeur de 110 m. A l'intérieur de celle-ci, à Los Azufre, des fissures libèrent d'abondantes fumerolles, à 200 °C.

Je m'intéresse depuis longtemps à l'origine et à l'évolution des îles océaniques et j'ai eu l'occasion d'en visiter plusieurs. Ces îles prennent naissance à l'aplomb d'un « point chaud » interne du globe. Une « plaque » dérivant au-dessus de celui-ci, qui reste fixe, explique les alignements d'îles, de plus en plus jeunes. L'édification de chacune se traduit par une triple évolution.

– Du point de vue morphologique, un volcan sous-marin émerge pour devenir un bouclier aérien, immédiatement oblitéré par l'érosion.

Lors de l'émission « Ushuaïa Nature » (tournage en décembre 1998), Jacques-Marie Bardintzeff et Nicolas Hulot naviguent sur le lac d'acide du Kawah Idjen en Indonésie pour effectuer des prélèvements et des mesures.

Un « forçat du soufre ». Les hommes extraient quotidiennement plusieurs tonnes de soufre, qu'ils remontent du fond du cratère du Kawah Idjen (Kawah = « cratère », Idjen = « vert », d'un vert jade bien sûr, comme le prénom de ma fille !) par charge de 80 kg voire plus. Les fumerolles déposent régulièrement le soufre et renouvellent ainsi le stock. Le soufre extrait sert à fabriquer des allumettes, des pneus, du papier, à l'industrie pharmaceutique, comme engrais, ainsi qu'au blanchiment du sucre de canne.

– Du point de vue volcanologique, différents dynamismes se succèdent depuis les coulées sous-marines à des explosions phréatiques et jusqu'à des épanchements effusifs laviques aériens.

– Du point de vue géochimique, les basaltes alcalins et tholéiitiques (moins alcalins) se côtoient.

Mais défense de donner le moindre coup de marteau, pour prélever un échantillon de roche, aux Galápagos, espace protégé, véritable arche de Noé. L'isolement insulaire a permis l'évolution et la survie d'espèces endémiques animales et végétales étonnantes. Les animaux ne sont vraiment pas farouches. Quelle chance de pouvoir les approcher de si près ! Un matin, nous découvrons un « lion de mer » (une otarie) endormi sur le pont inférieur du bateau ! Des iguanes marins, sombres, se chauffent au soleil, placides, totalement indifférents à la composition chimique ou minéralogique des rochers basaltiques. Ils ressemblent à des dragons miniatures, mais, herbivores, sont totalement inoffensifs. Nonchalamment, ils broutent quelques algues. Leurs homologues terrestres sont plus rares, plus gros (jusqu'à un mètre de long) et plus clairs. Les énormes tortues ont donné leur nom à l'archipel. Quantité d'oiseaux nichent çà et là. J'admire les fonds sous-marins en compagnie d'une otarie qui a décidé de venir nager avec moi. Lors de cette séance de géologie sous-marine, je repère la structure d'un dyke, filon

J.-M. Bardintzeff mesure la température des fumerolles au Kawah Idjen. Le soufre en fusion prend une teinte écarlate.

© J.-M. Bardintzeff / Jacky Faure.

Jacques-Marie Bardintzeff à califourchon sur la lèvre du cratère du Bromo en Indonésie en août 1999.

volcanique, qui se prolonge dans une mer parfaitement limpide. Neuf ans plus tard, en juillet 2007, j'ai vécu une autre plongée dans la préhistoire, aux contacts des varans des îles de Komodo et de Rinca, dans les petites îles de la Sonde en Indonésie.

En fin d'année, Nicolas Hulot et son équipe d'« Ushuaïa Nature » me proposent de les accompagner comme conseiller scientifique, en Indonésie. Ils souhaitent tourner une émission sur la biodiversité des îles de cet archipel volcanique. Une séquence « frisson » se passe au Kawah Idjen, nom qui signifie le « cratère vert » car il renferme un lac d'acide. On mesure une température de 224 °C pour les fumerolles émanant de la solfatare. Difficile de faire un commentaire quand la sueur coule sous le masque à gaz. Puis nous entreprenons une navigation sur le lac de « vitriol », de 700 m de diamètre et d'environ 200 m de profondeur. Un morceau de calcaire se dissout en bouillonnant dans ce mélange d'acides sulfurique et chlorhydrique, à la surface duquel flottent des globules de soufre. D'ailleurs, je mesure un pH de 0,36, un des plus acides au monde. La teneur en sels minéraux est trois fois supérieure à celle de l'eau de mer, mais ils en sont bien différents : sulfates, chlorures, aluminium, fer, calcium, magnésium… L'ensemble des mesures permet d'établir un bilan géochimique, thermique et dynamique du volcan, susceptible de se réveiller à tout instant. Comme le remarque Nicolas, dont j'ai apprécié le professionnalisme et le sens du terrain, « on se croirait sur la planète Mars ». La démarche scientifique n'a pas été sacrifiée au profit du spectaculaire. Toute l'équipe a pris les précautions maximales (mesure de la teneur en gaz carbonique de l'air ambiant, résistance des pneumatiques des canots, assurance des bateaux par un « fil d'Ariane »). Une grande complicité s'est instaurée avec les porteurs de soufre, qui extraient le précieux minerai par charge de 80 kg à 100 kg. J'ai pu prélever des échantillons uniques, objets du mémoire de maîtrise d'un de mes étudiants, Filippo. J'y suis

La vaste caldeira elliptique du Tengger, à Java en Indonésie, mesure 8 x 6 kilomètres pour une profondeur de l'ordre de 150 mètres. On y découvre le Bromo fumant (à gauche), le Batok ciselé par l'érosion (au centre) et le Semeru, en phase explosive, en arrière-plan.

Deux lacs jumeaux dans le cratère du Kelimutu, île de Flores, Indonésie : l'un, rouge brique, l'autre, turquoise. Un troisième lac, noir, se trouve non loin de là.

retourné quelques mois plus tard, au cours de l'été 1999. J'ai retrouvé Budi, le porteur qui m'avait aidé : il m'a offert une magnifique stalactite de soufre. Le pH du lac avait encore diminué (0,15) et donc l'acidité avait augmenté, probablement parce que l'évaporation, liée à la chaleur de la saison, avait encore concentré les sels minéraux dans le lac !

En mars 1999, je suis invité en Martinique pour prononcer une conférence, sur les « risques telluriques aux Antilles », dans le cadre de la première journée caraïbe de médecine d'urgence. Mon épouse m'accompagne. Je lui propose d'aller ensuite à Montserrat, un des maillons les plus septentrionaux de l'arc volcanique des Petites Antilles. Le volcan Soufriere Hills est en activité maximum depuis 1995. Il faut d'abord rejoindre Antigua en avion, puis Monserrat à bord du bateau commandé par un sympathique Français surnommé « Captain Louis ». Sur place, nous sommes accueillis et guidés par David Lea, un pasteur américain installé à Montserrat, qui a suivi l'éruption jour après jour depuis son début.

Des retombées pliniennes et des nuées ardentes n'ont cessé de se succéder. Les conséquences en ont été dramatiques pour les habitants. Toute la partie sud de l'île a dû être évacuée. Sur les 12 000 habitants de l'île, 8 000 sont partis pour Antigua ou en Grande-Bretagne. Les 4 000 autres se sont regroupés dans la partie nord de l'île. Dans le partie sud, les nuées ardentes ont enseveli sous la cendre la capitale Plymouth, devenue une ville fantôme ; ses 3 000 habitants avaient heureusement pu être évacués à temps, grâce à la surveillance du M.V.O., le Montserrat Volcano Observatory. Une vingtaine de personnes ont hélas été tuées au nord-est du volcan. L'aéroport de Blackburne, très endommagé, a été fermé. Des coulées boueuses ont comblé le lit de la rivière Belham jusqu'au niveau d'un pont, qui, auparavant, dominait de six mètres le cours d'eau !

La ville de Plymouth recouverte par les cendres lors de la crise éruptive de la Soufrière de Montserrat, en 1997.

Le front de la coulée de lave émise par le mont Cameroun en avril 1999 mesure plus de dix mètres d'épaisseur. En avançant, il met le feu à la végétation

Un survol en hélicoptère me permet un repérage. Le dôme de lave visqueuse de la Soufrière, hérissé d'aiguilles, montre une gigantesque fracture semblant résulter d'un coup d'épée cyclopéen. Des fumerolles soufrées s'en échappent en abondance. En partent, sur les flancs, des couloirs remplis de matériaux d'avalanches, qui forment autant de deltas dans la mer verte des Caraïbes. Des blocs de plusieurs mètres, emportés, des troncs arrachés, gisent pêle-mêle sur la surface aride des dépôts pyroclastiques.

Nous repartons le 17 mars, précisément le *St Patrick's day*. Malheureusement, la ville de Saint-Patrick - le patron de l'île – a été détruite aussi par l'éruption. La fête a un goût amer. L'avenir reste incertain car des signaux sismiques sont toujours enregistrés. Des explosions et des effondrements du dôme ainsi que des coulées boueuses se produisent encore à intervalles de temps variés. Cette crise éruptive a des répercutions catastrophiques sur l'économie de l'île, appelée jadis l'« île d'émeraude », qui devra être entièrement réaménagée. On ignore alors que l'éruption va durer dix-huit ans, jusqu'en 2013 !

Tout juste de retour, j'apprends que le mont Cameroun est sorti, le 28 mars, d'un sommeil de dix-sept ans. Une fissure s'est ouverte sur son flanc sud et d'importantes coulées de lave se dirigent vers des zones habitées. Je collabore depuis de nombreuses années avec l'université de Yaoundé. Mon collègue et ami Pierre Wandji est venu à plusieurs reprises à Orsay. Il m'a envoyé aussi en stage des étudiants dont nous avons co-dirigé les thèses.

Avec trois amis de longues dates, aussi passionnés que moi, nous lançons une opération d'urgence. Le Cameroun est traversé en écharpe, du lac Tchad, au nord-est, au mont Cameroun, au sud-ouest, par un alignement volcano-plutonique majeur, long d'environ un millier de kilomètres, appelé « Ligne du Cameroun », prolongée en mer par les îles du golfe de Guinée. Le mont Cameroun se situe près de l'océan Atlantique. Il s'agit d'un volcan géant, culminant à 4 095 m, parsemé d'une centaine de petits cônes, souvent alignés sur des fissures.

Nous arrivons sur place début avril. Dès le premier soir, nous nous rendons au front de la coulée active. Celui-ci, incandescent, mesure plus de 10 m de haut. Des blocs énormes, plurimétriques, s'en détachent et s'écroulent dans un bruit d'explosion et de « vaisselle cassée ». La silhouette des palmiers se détache sur le fond orangé de la scène : ils n'ont plus que quelques heures à vivre avant de brûler, irrémédiablement.

À Bokwaongo, dans la région de Buéa, nous constatons les dégâts significatifs des séismes du 28 mars, jour du début de l'éruption. Plusieurs dizaines de maisons se sont lézardées ou effondrées en partie. Leurs habitants sont désormais sous des tentes.

Maintenant, les coulées proviennent d'une fissure située à 1 400 mètres d'altitude, libérant la lave en abondance à partir de trois bouches actives. Mais au début de l'éruption, une fissure s'était ouverte bien au-dessus, à 2 650 mètres d'altitude. Avec des volcanologues camerounais et une équipe de porteurs, nous montons jusqu'à cette fissure supérieure où nous passons deux journées. Une dizaine de petits cônes alignés, de quelques mètres à quelques dizaines de mètres de haut, rejettent des bombes. Les coulées de lave ont parcouru trois kilomètres avant de se solidifier. Maintenant, l'activité de cette fissure supérieure se limite à un dégazage violent, accompagné d'un bruit comparable à celui d'un réacteur d'avion.

De retour dans la plaine, nous suivons au jour le jour l'évolution de la situation, qui devient préoccupante. La lave issue de la fissure inférieure a parcouru plus de dix kilomètres, sur une largeur moyenne de 500 mètres à un kilomètre. Relativement visqueuse, elle avance lentement mais inexorablement, à quelques mètres à l'heure. Le front mesure plusieurs centaines de mètres de large et, selon les endroits, d'une dizaine à une trentaine de mètres d'épaisseur. Des blocs de plusieurs mètres s'effondrent, roulent et se brisent en révélant la lave incandescente. Une fois refroidie, Il s'agit d'une roche sombre, basique, à gros cristaux d'olivine et de pyroxène. En contrebas, j'entends le coassement pathétique des grenouilles d'une petite mare, condamnée à brève échéance.

Vue d'hélicoptère de la coulée de lave qui a coupé, dans la nuit du 15 au 16 avril 1999, la route longeant la côte atlantique, entre Limbe et Idenau et plus précisément entre Batoke et Bakingili.

Le 10 avril, le front se situe dans Green Valley Estate, à 120 m d'altitude et à 600 m de la route longeant la côte atlantique entre Limbe et Idenau, et plus précisément entre Batoke et Bakingili. Le 13 avril, il s'en approche à 260 m et le 15 avril au matin, à 5 m seulement. Dans la population, je perçois des sentiments contradictoires : de l'inquiétude, certes, mais aussi une indéniable fascination. Il règne presque une atmosphère de fête ! Certains déménagent une usine d'huile de palme, située sur le trajet probable de la lave. D'autres démontent en catastrophe la ligne électrique en bord de route. Le week-end, de nombreux habitants de la région sont venus admirer leur volcan. Chacun repart avec un morceau de roche, appelée « *lava God* », encore fumant, enveloppé dans des feuilles de bananier. Chacun explique le phénomène à sa façon. J'entends une maman dire à son enfant : « La montagne s'ouvre et ça devient un volcan. »

À leur descente d'hélicoptère, Jacques-Marie Bardintzeff et son collègue camerounais Pierre Wandji rendent compte de l'activité volcanique du mont Cameroun à Son Excellence le ministre de l'Administration territoriale, Enam Enam Samson, et au gouverneur de la province Sud-Ouest, Acham Peter Cho (16 avril 1999).

Lors de l'éruption du mont Cameroun, je retrouve David Nkouathio (à gauche) et Jacob Fosso (à droite), deux étudiants camerounais, qui ont fait leurs thèses sous ma direction. Au deuxième plan, on aperçoit la coulée de lave.

Chaque soir, nous avons un meeting avec les scientifiques des universités de Buéa et de Yaoundé et les responsables politiques de la province. Chacun expose, à tour de rôle, ses observations et son point de vue. La décision d'évacuer est reportée autant que possible.

Durant toute la journée du 15 avril, le front se situe tout prêt de la route mais ne progresse pas significativement. La coulée a développé des lobes latéraux. Si la route est coupée, toute une région sera isolée. On assiste à un ballet incessant de voitures surchargées. L'armée essaye de gérer tout cela. À 19 heures, le premier bloc incandescent tombe sur la route, qui est coupée dans la nuit du 15 au 16.

Le 16 au matin, je survole la zone en hélicoptère avec Pierre Wandji. Sur cent mètres, la route est recouverte par une épaisseur de 10 m de lave. A notre retour, nous rencontrons le ministre de l'Administration territoriale (l'équivalent de notre ministre de l'Intérieur) et nous faisons brièvement le point ensemble. Il semble que le pire soit passé.`

Effectivement, le 17 avril le front n'a pas évolué et semble stabilisé. Les habitants entreprennent déjà la construction d'une voie de contournement provisoire.

Avec l'équipe des jeunes volcanologues camerounais, en novembre 2003, près de Bamenda, grâce aux transports Vatican express.

Système de dégazage du lac Nyos au Cameroun, en novembre 2003.

Quand nous partons, le 18 avril, l'éruption est terminée. Elle apparaît tout à fait semblable aux précédentes, et typique de l'activité récente du mont Cameroun, de par son dynamisme fissural, essentiellement lavique, et sa durée de quelques semaines. Des centaines d'hectares de forêts, riches en espèces végétales et animales, ont flambé. Une région entière a été isolée quelques temps. Mais on n'a déploré, heureusement, aucune victime. La coulée de lave, longue de plus de 10 km, a simplement eu la très mauvaise idée de parcourir 20 m de trop !

Je retrouve Pierre Wandji et toute l'équipe des jeunes volcanologues camerounais en novembre 2003, pour visiter les terrains de thèse de chacun, échelonnés sur la Ligne volcanique du Cameroun. Le voyage, qui s'effectue avec les moyens locaux, bus ou taxi-brousse, nous conduit au lac Monoun, au lac Wum, à la caldeira du mont Manengouba. Après plusieurs heures de pistes très difficiles, nous atteignons le tragiquement célèbre lac Nyos, qui a libéré, en août 1986, un nuage létal de gaz carbonique et fait 1 746 morts. Nous accostons en zodiac sur la petite barge située au centre du lac : un système astucieux le dégaze petit à petit pour éviter une nouvelle catastrophe. Un majestueux geyser jaillit à 100 km/h jusqu'à 50 m de hauteur, libérant le gaz carbonique à dose inoffensive. En 2013, puis en 2017, je visite la partie est du Cameroun aux environs de Ngaoundéré.

À l'automne 1999, deux volcans entrent quasi simultanément en activité en Équateur : le Guagua Pichincha (4 794 m) tout près de la capitale Quito et le Tungurahua (5 016 m), à 130 km au sud. La situation devient très préoccupante. J'y pars le 28 octobre 1999. Mes collègues de l'Instituto Geofisico et de l'Institut de recherche pour le développement font face à cette double crise particulièrement difficile à gérer. Le Guagua Pichincha, le plus souvent couvert de nuages, a émis quelques jours auparavant une colonne de cendres de 16 kilomètres de haut. Un millimètre de cendres est retombé sur Quito. Les habitants ont souffert de problèmes respiratoires. On a déploré plusieurs blessés. L'aéroport a dû être fermé. Une évacuation temporaire du village de Lloa, situé au sud du volcan, a été décidée. Une éruption encore plus importante, de type plinien, avec des nuées ardentes associées, reste à craindre.

Au Tungurahua, la situation est, elle aussi, alarmante et l'alerte orange (le deuxième stade, après le jaune et avant le rouge) a été déclarée. Le volcan émet un panache quasi continu de 1 à 5 km de haut. Par période de quelques heures, de fortes explosions se succèdent toutes les dix à quinze minutes. Le jour, on voit un panache gris sombre et, la nuit, des gerbes incandescentes, zébrées d'éclairs. Chaque fois, une grande partie du cône est recouverte de blocs et de cendres. Un bruit de coup de canon est entendu plusieurs secondes ou dizaines de secondes après, parfois de la ville d'Ambato située à 30 km du volcan. Le panache, entraîné vers l'ouest, retombe sur les villes et villages de ce secteur. À Quero et Macha, les habitants se protègent des cendres et des gaz toxiques à l'aide de masques, de foulards ou de mouchoirs. L'Instituto Geofisico a mesuré un flux de 5 000 à 10 000 tonnes de dioxyde de soufre par jour. Des lahars ont coupé la route reliant Baňos à Riobamba, la capitale de la province. Le barrage d'Agoyan a été vidé par précaution.

J'assiste à des scènes typiques de situation de crise. L'armée et la police ont mis en place des barrages successifs pour empêcher l'accès à la zone dangereuse, interdite. Mais ils doivent disperser des habitants mécontents qui souhaitent regagner leur maison… par des bombes lacrymogènes. Dans la caldeira

Le volcan Tungurahua en Équateur, en éruption le 31 octobre 1999. Au premier plan, la ville de Pelileo, distante de 18 km au nord-ouest

Le Tungurahua en Équateur, en éruption le 1er novembre 1999 (flanc nord).

Chontapamba, envahie par les lahars, le cadavre d'un âne prisonnier des flots boueux attire déjà des nuées de mouches ; non loin un camion s'est complètement embourbé.

Nous visitons la ville de Baňos, située à seulement 8 km en contrebas du volcan, dont les 20 000 habitants ont été évacués. C'est devenue une ville morte, mais encore intacte, dont les habitants semblent s'être volatilisés. Le clocher de l'église sonne dans le vide, un chien erre sans but, quelques militaires équipés de masques à poussière hantent cette ville dans une ambiance de guerre bactériologique. Aux carrefours, les panneaux de signalisation « Pare » (« Stop ») n'ont, bien sûr, plus aucune signification !

En 2000, je suis promu professeur des universités : un honneur pour moi et aussi de nouvelles responsabilités. Cette même année, je découvre le site de Yellowstone, dans l'état du Wyoming, avec ses 300 geysers, dont le « Old Faithful » (« Vieux fidèle »), ses 10 000 sources thermales aux noms évocateurs, tels Sapphire Pool, Emerald Pool, Opalescent Pool, Porcelain Basin, Beryl Spring et les sources pétrifiantes de Mammoth hot springs.

Il s'agit en fait d'une gigantesque caldeira ovale de plus de 70 x 50 km, pour quelques centaines de mètres de profondeur, résultant de trois anciennes éruptions majeures. De telles éruptions, heureusement exceptionnelles et inconnues durant les temps historiques, sont appelées « super-éruptions », en liaison avec un « supervolcan ». Un docu-fiction, étonnant de réalisme, a été réalisé par la chaîne TV anglaise BBC, montrant les effets catastrophiques d'une nouvelle éruption de ce type aujourd'hui : la destruction serait totale, dans un rayon de 100 km, par des écoulements pyroclastiques (nuées ardentes, ignimbrites). Environ 10 cm de cendres retomberaient jusqu'à 1 000 km de distance et une couche de cendres de 1 cm sur une grande partie des États-Unis, ce qui aurait pour effet de bloquer les voies de circulations terrestres et aériennes, de polluer les eaux. À l'échelle mondiale, on assisterait à un « hiver volcanique » car les cendres et aérosols filtreraient les rayons solaires : en plein jour, on aurait la clarté de la pleine lune ! Les températures chuteraient de dix degrés environ, pendant une quinzaine d'années. Ce film fut diffusé à la télévision, sur M6, en juin 2005 et suivi d'un débat animé par Mac Lesggy « Ce qui nous attend vraiment ! ». J'y étais invité avec Jacques Varet du B.R.G.M., pour envisager la potentialité d'une telle catastrophe. Le scénario reconstitué dans le film *Supervolcan* semble tout à fait plausible bien qu'il ne soit pas d'actualité immédiate.

Une mesure de la teneur en SO2 (dioxyde de soufre) du panache éruptif du Tungurahua en Equateur à l'aide du système COSPEC (COrrelation SPECtrometry) en novembre 1999, avec Pablo Samaniego de l'Instituto Geofisico de Quito (assis à gauche) et Michel Monzier de l'Institut de recherche pour le développement (assis à droite).

Le 27 octobre 2002, l'Etna entre brusquement en éruption. Je pars le 1er novembre avec un groupe de passionnés, comme conseiller scientifique dans le cadre d'un voyage « spécial éruption » organisé par *Terra Incognita*. Notre avion se pose à Palerme car une fine pellicule de cendres volcaniques suffit à rendre l'aéroport de Catane inutilisable. Cette éruption apparaît vraiment exceptionnelle car le volcan émet à la fois une coulée de lave par son flanc nord et des cendres en abondance par son flanc sud.

Nous arrivons dans la petite ville de Nicolosi, située à 15 km au sud du cratère pour demander les autorisations officielles. Plusieurs centimètres de cendres sont tombés, gênant considérablement la population : il faut balayer chaque jour et évacuer la cendre, protéger la nourriture dans les épiceries, porter souvent des masques à poussières. Les routes, très glissantes, rendent la circulation dangereuse. Les pluies vont ensuite compliquer la situation.

Nous montons sur le flanc sud. Un nouveau petit cône s'édifie peu à peu, à l'altitude 2 750 m. De lourdes colonnes sombres, incandescentes la nuit, s'en échappent et atteignent plusieurs centaines de mètres de hauteur, jusqu'à 1 km. Il s'agit parfois de véritables fontaines de lave. L'éruption, hydromagmatique au début, prend un caractère franchement magmatique, de type vulcanien. Un des cratères sommitaux, la Bocca Nuova, à l'altitude 3 300 m, émet lui aussi des cendres. Quand des bombes volcaniques fusent et retombent derrière nous, l'Etna nous avertit qu'il est plus sage de reculer. Nous redescendons de nuit et nous dressons nos tentes au niveau du refuge Sapienza à 5 km du sommet, sur le parvis d'un hôtel inoccupé. Les cendres tombent comme de la neige, recouvrant le paysage d'un linceul ; elles pénètrent dans les yeux, le nez, la bouche, le cou. Un renard, affamé, rode dans ce paysage désolé, blafard. Quelques jours plus tard, à Acicastello, en bord de mer, nous observons le panache, coloré en pourpre par le soleil couchant, qui s'étale, atteint l'altitude de 6,4 km et se dirige vers l'est ; des particules vont tomber jusqu'en Grèce et en Libye !

Caste Geyser à Yellowstone.

L'Etna en éruption le 2 novembre 2002. Le panache, typique d'une éruption vulcanienne, monte à plusieurs kilomètres de haut.

Au crépuscule, le panache de cendre de l'Etna, à haute température, se met à rougeoyer (2 novembre 2002).

Éruption nocturne de L'Etna le 3 novembre 2002.

C'est la première fois depuis 1879, que l'on observe une éruption double, effusive et explosive, qui souligne l'existence des rifts actifs nord et sud de l'Etna. Les produits émis, des trachybasaltes, diffèrent également entre eux: riches en cristaux au nord et pauvres au sud. La panique commence à s'installer parmi les habitants car l'éruption de l'Etna, situé sur une faille majeure, est accompagnée de plusieurs séismes locaux, certains atteignant la magnitude 4,4 (soit 6 sur l'échelle de Mercalli). À Santa Venerina, un millier de sinistrés doivent être relogés dans des tentes. Par ailleurs, le 31 octobre, un séisme important de magnitude 5,4, dont l'épicentre se situe à Campobasso, à 226 km au sud-est de Rome, tue 28 personnes, essentiellement des enfants dans une école qui s'effondre. Ce séisme, lié à l'activité du front des Apennins et au mouvement de la plaque italo-adriatique, n'a rien à voir avec l'Etna, si ce n'est une conjonction temporelle. Un autre séisme est ressenti dans la région de Ravenne. En outre, le 4 novembre, à 2 km à l'est au large de l'île de Panarea dans l'archipel des îles Eoliennes, la mer se met à libérer des bulles et à changer de couleur, témoin d'un dégazage. Une odeur de soufre se répand et des poissons sont empoisonnés. Ce phénomène, bien que déjà observé dans le passé, augmente encore l'inquiétude générale des italiens.

Éruption hydrovolcanique de l'Etna le 3 novembre 2002 : le panache de cendres sombres résulte de l'interaction entre le magma et l'eau.

À cheval vers le Paricutin au Mexique.

Au Chili, avec notre guide, sur les pentes englacées du volcan Villarrica en novembre 2004.

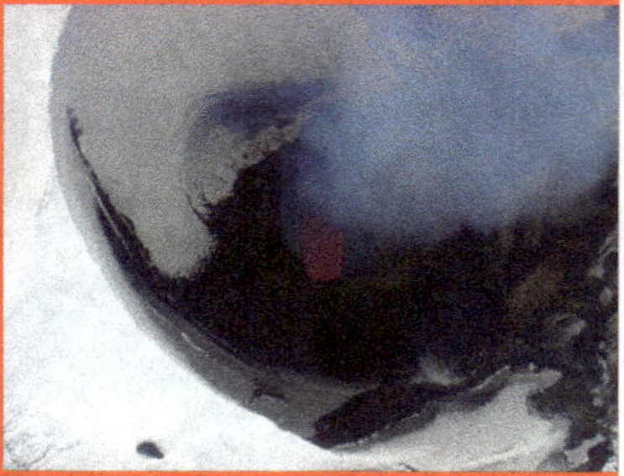

Le petit lac de lave du Villarica (2 845 m), au Chili, dans la neige et la glace.

Vue d'hélicoptère des sources thermo-minérales de Dallol en Éthiopie.

Fin 2004, il ne faut pas craindre un chaud et froid, entre les pentes glacées des volcans chiliens en novembre et les brûlants déserts salés d'Éthiopie en décembre.

En Araucanie et à Los Lagos, au centre du Chili, les volcans, moins haut que ceux du nord, sont néanmoins tous englacés. Leur escalade demande plusieurs heures, avec piolet et crampons. Au sommet du Villarrica (2 847 m), je découvre un joli petit lac de lave, entouré de neige et de glace. La longue montée du Cabulco (2 010 m) est facilitée par une approche à cheval, jusqu'à une altitude d'environ 700 mètres. J'avais déjà eu une première expérience équestre en 1997 au Paricutin au Mexique et j'en gardais un super souvenir. Je suis étonné par l'agilité de ma monture, qui franchit des marches rocheuses hautes d'un mètre, à la montée comme à la descente : il suffit de bien s'accrocher ! On contourne ensuite le volcan Osorno (2 655 m) par le Paso Desolacion. Tous ces volcans sont explosifs, dangereux, et la présence de glace induit des risques supplémentaires de lahars. On visite aussi la ville de Valdivia, qui a beaucoup souffert du séisme du 22 mai 1960, d'une magnitude de 9,5, la plus forte jamais relevée. Le séjour se termine à Pucon, par le Congrès volcanologique international, où je présente sept posters scientifiques.

Puis je pars en Éthiopie, avec Nicolas Hulot et l'équipe d'« Ushuaïa Nature » : il s'agit de notre troisième collaboration. Le triangle des Afars apparaît comme une région clé pour la compréhension de la tectonique des plaques car trois structures géologiques majeures s'y rejoignent : la mer Rouge, la dorsale de Carlsberg de l'océan Indien et le fossé du rift est-africain. Notre camp de base est dressé dans un désert de sel, à moins 160 mètres sous le niveau de la mer. Le thème « volcanologie » se déroule en deux temps. Il s'agit d'abord d'échantillonner les sources thermales de Dallol, qui battent tous les records physico-chimiques : je mesure même des pH « négatifs » de -0,20, à cause des effets conjugués de l'acidité extrême, de la température de 72 degrés et des énormes concentrations en sels dissous. Ceux-ci sont responsables des couleurs du site, extraordinaires à couper le souffle : des verts aux jaunes, des ocres aux rouges. Nicolas se demande d'ailleurs si la nature « n'en fait parfois pas un peu trop ». Puis nous partons pour la caldeira elliptique – de 1 600 m de grand axe et

700 m de petit axe – de l'Erta Ale. L'année précédente j'avais pu observer le lac de lave, bouillonnant dans le cratère de 200 m de diamètre. Cette fois-ci, il semble recouvert d'une pellicule de lave figée, grise. Nous pouvons donc tenter d'y descendre avec l'ambition de collecter la lave liquide sous-jacente dans quatre petites cheminées centrales. Nous revêtons alors les fameuses combinaisons et heaumes aluminisés, « anti-chaleur ». À l'intérieur de cette tenue, la chaleur est insupportable, la visibilité réduite; on se prend les pieds dans les câbles de mesure et le dialogue avec Nicolas devient difficile. On enregistre la température des gaz bleutés, riches en dioxyde de soufre, à plus de 500 degrés. Puis nous arrivons à prélever, à l'aide d'un câble et d'une masse d'acier froide, un peu de lave liquide à 12 mètres sous nos pieds. Je pourrai l'analyser ensuite, à la microsonde électronique, comme témoin assez fidèle du magma profond. Une moyenne de dix-huit analyses de verres figés donne 49 % de silice (SiO_2) pour 2,5 % de TiO_2, 3 % de Na_2O et 0,6 % de K_2O, typique d'un basalte transitionnel, résultat publié dans le Bulletin du GVN (Global Volcanism Network).

Le cratère de l'Erta Ale en Éthiopie en janvier 2003 et son lac de lave.

© J.-M. Bardintzeff, avec l'aimable autorisation de « Ushuaïa Nature ».

Jacques-Marie Bardintzeff se prépare à descendre dans le cratère de l'Erta Ale, en Éthiopie, lors du tournage d'« Ushuaïa Nature », en décembre 2004.

Le 29 mars 2006 à 10 h 57, une éclipse totale de soleil se produit juste au-dessus d'un volcan perdu dans le désert du Sahara sud-libyen, le Waw an Namous: une occasion unique d'approcher cet édifice méconnu. On découvre une caldeira d'effondrement de 4 km de diamètre et d'une centaine de mètres de profondeur. Un cône, de 150 m de haut, qui culmine à 547 m, et d'un diamètre basal d'environ 1,5 km, s'est édifié à l'intérieur, mais ne forme qu'un faible relief dans le paysage. Bien que non recensé dans la liste des volcans à activité historique, le Waw an Namous semble très jeune et je prélève des échantillons de lave en vue de datations. Sur le chemin du retour, nous observons une autre curiosité dans l'erg Awbari. Les eaux du lac Um el Ma, salées, ont une température normale en surface mais elles deviennent brusquement brûlantes (50 °C voire plus) à la profondeur - 1 m ou - 1,5 m. Il y a deux couches d'eau, de températures bien distinctes, pour l'ensemble du lac, en liaison probable avec une source chaude hydrothermale.

Avec mon guide Mohamed avant l'éclipse totale de soleil en Libye le 29 mars 2006.

2010, c'est l'année du volcan au nom imprononçable! L'Eyjafjöll, situé sous le glacier Eyjafjallajökull (ce qui signifie « le glacier de la montagne de l'île » et qui se prononce: aye-ya-fya-dla-yo-kutl), entre brusquement

Lors de l'éruption du volcan islandais sous le glacier Eyjafjallajökull, interview par Kasia Wyderko pour Televisa, 1ère chaîne TV mexicaine (16 avril 2010, rue François Ier, Paris).

en éruption le 20 mars, après un sommeil de 187 ans. Au début, « tout va bien » : la lave jaillit majestueusement en fontaines sur le flanc est du volcan, au milieu de la neige, en un scénario dantesque mais l'éruption reste essentiellement effusive donc « modérée ». Puis tout se gâte le 14 avril quand le magma souterrain change à la fois de composition chimique et de direction, et jaillit au centre de l'édifice, sous le glacier même. L'éruption prend alors un caractère franchement hydrovolcanique, très explosif à cause de la vapeur d'eau présente en grande quantité. Le panache monte à plus de six kilomètres de haut. Par ailleurs, l'anticyclone a la très mauvaise idée de se situer au nord-ouest de l'Europe et d'y rester, stable. Les vents entraînent alors le panache vers le sud-est, c'est-à-dire en plein sur l'Europe continentale. Ce panache, renfermant des cendres et des gaz en « aérosols », devient, certes, invisible mais les particules qu'il contient feraient très mauvais ménage avec les réacteurs des avions en vol. Ceux-ci restent alors cloués au sol, du 15 au 21 avril, au Royaume-Unis d'abord, puis en France et en Allemagne, bientôt dans une bonne partie de l'Europe occidentale puis en Russie et à Terre-Neuve. S'ensuit une pagaille monstre dans les aéroports, des milliers de vols annulés, des voyageurs bloqués, ne pouvant ni partir ni revenir.

Les médias se déchaînent. Je suis assailli de demandes d'interviews par la presse écrite, parlée ou télévisée. Le téléphone de cesse de sonner à la maison, depuis la France, la Suisse, l'Allemagne, le Maroc, l'Algérie, le Canada. Ma fille, alors âgée de 12 ans et demi, tient le « standard », fait gentiment patienter, me passe les communications, alternativement sur les téléphones fixe ou mobile : elle est tout excitée et fière de prendre une stature internationale ! Je fais la tournée des plateaux TV, je jongle avec les sollicitations des journalistes. Les TV mexicaine et chinoise sont également présentes ! Au total, je répondrai à 108 interviews.

On constate de gros dégâts matériels en Islande. Le bilan économique global est très lourd. 20 pays ont fermé leur espace aérien, 100 000 vols ont été annulés en six jours mettant dix millions de voyageurs dans l'embarras, les pertes financières sont colossales, de plusieurs milliards d'euros. Mais on ne déplore, heureusement, ni morts, ni blessés, ni même un seul avion détérioré !

L'année suivante, un autre volcan islandais, le Grimsvötn, entre à son tour en éruption, du 21 au 28 mai 2011, laissant craindre des conséquences identiques voire pires. Mais si l'éruption a été plus importante car le panache de cendre est monté jusqu'à 20 km, elle a été beaucoup plus courte et les conséquences sur l'aviation européenne sont restées minimes.

À partir du 16 août 2014, toujours en Islande, un formidable essaim sismique est enregistré sous le glacier Vatnajökull au niveau du volcan Bardarbunga : jusqu'à 1300 séismes par jour, de magnitude 2 à 3, jusqu'à 5,7, témoin du mouvement du magma profond. Le spectre d'une éruption sous-glaciaire resurgit. Mais le suspense dure, les séismes se déplacent, le magma migre en profondeur en dehors du glacier… et jaillit le 29 du mois, pour quelques heures, à cinq kilomètres au nord du glacier, plus précisément à Holuhraun. L'éruption reprend de plus belle le 31 août et s'emballe. L'équipe de Yann Arthus-Bertrand, qui prépare le film « Terra », me contacte car elle souhaite tourner une séquence spectaculaire. Il ne faut pas attendre. Départ le 11 septembre pour 48 heures, d'une petite équipe : Michael Pitiot, réalisateur, Bruno Cusa, cadreur, et moi, conseiller scientifique. Tout va très vite. À l'aéroport près de Reykjavik, Bruno fixe la caméra cinéflex sous l'hélicoptère. Le pilote, Halldor Hreinsson, est un champion qui a déjà affronté le Groenland. Décollage. La météo est très maussade. Halldor remonte les vallées une à une mais doit faire demi-tour à chaque fois, bloqué par un brouillard tenace et un plafond de plus en plus bas. Nous nous posons à mi-parcours, à Hrauneyjar. Tout semble bien compromis. Une petite éclaircie et nous repartons en compagnie d'un autre hélicoptère. Nous volons de conserve, « en formation ». Survol du glacier, gigantesque et magnifique, tout bleu et balafré de crevasses. Des vapeurs au loin. Nous approchons du site éruptif… et c'est le choc : un véritable rideau de lave, long de plusieurs centaines de mètres et haut de 60 à 100 mètres, jaillit d'une fissure longue de 1,5 km. Nous survolons le site, repérons les bouches éruptives, les coulées de lave qui s'en échappent. La plus importante parcourt une quinzaine de kilomètres et barre la rivière Jökulsá á Fjöllum dans des nuages de vapeur. Un aller-retour à Akureyri pour « refueler » (378 litres !). Nouveau survol. Nous assistons en fait à la plus grande éruption lavique mondiale depuis celle du Laki en 1783-84 ! Elle ne s'arrêtera que six mois plus tard, le 27 février 2015, en ayant libéré 1,5 km3 de lave sur une surface de 86 km2. Je rentre le 13 septembre au petit matin et rejoint directement les Alpes, pour co-encadrer le stage de mes étudiants de la préparation du Capes.

L'été 2013, j'ai programmé d'encadrer, avec l'association Atlace, un voyage géologique en Arizona et Californie. Ma femme et ma fille font partie du groupe. Nous poussons jusqu'à Hawaii où le Kilauea est toujours en pleine forme : les coulées de lave se jettent dans l'océan Pacifique ! Il est possible de les approcher par la mer en bateau. Au plus près, c'est l'enfer ! La guerre entre les quatre éléments. La couleur orange de la lave tranche sur l'eau bleue. La vapeur d'eau s'échappe en tourbillonnant. La mer est chaude. On se sent bien petit. J'ai confié un de mes appareils photo à ma fille. Elle a 15 ans et demi, c'est son baptême du feu. Pendant notre quart d'heure d'observation, entre deux secousses du bateau, je lui souffle : « Profite, Jade, profite, tu ne reverras jamais cela ! ». Au retour, la mer est houleuse et

Éruption fissurale à Holuhraun en Islande en septembre 2014.

le pilote du bateau veut faire du zèle pour nous épater. On accoste trempé de la tête au pied ! Le lendemain, tempête tropicale ! Il faut attendre le jour suivant pour un vol hélicoptère « doors-off », les portières ont été enlevées, « il y a du vent dans les voiles ». On revoit la même scène vue du ciel. La surface de l'île augmente chaque jour !

En 2011 ou 2012 (?), je donne une conférence sur les volcans dans les environs de Grenoble. Sylvain Chermette est dans le public. Il m'aborde en fin de conférence et m'explique qu'il a créé une jeune agence, « 80 Jours Voyages », tournée vers la nature et… les volcans. Il me demande si j'accepterais de collaborer ponctuellement avec lui pour accompagner certains groupes et partager ainsi mes connaissances. Le courant passe bien entre nous car j'apprécie à la fois son dynamisme et son bon sens, si important près d'un volcan… Nous programmons ensemble un premier voyage à l'île de Pâques en octobre 2013. En effet, cette île est entièrement constituée de roches volcaniques. Elle s'est formée lors de l'édification de trois volcans sous-marins (Rano Kau, Terevaka et Poike), qui ont pris naissance par plusieurs kilomètres de fond, jusqu'à émerger. Les trois volcans se sont ensuite juxtaposés d'où la forme triangulaire de l'île, longue de 23 kilomètres pour une superficie de 162 km^2. Les statues (les fameux « moaï ») au nombre de plus de 800, haut de 1 à 10 m, ont été sculptées dans des brèches volcaniques (des tufs soudés) jaunâtres. Ce premier voyage, volcanologique et archéologique, fût un coup de cœur. Nous avons visité des spots connus mais aussi fait des randonnées dans les parties plus perdues de l'île. Une véritable immersion dans cette ambiance si particulière. L'impression de se transformer soi-même, au fil des jours, en un énorme moaï ! La grande réussite de ce voyage en appela d'autres.

Depuis, j'ai animé avec Sylvain, en tant que conseiller scientifique et pédagogique, 24 voyages entre 2013 et 2025 ! Gentiment, il me considère comme un véritable parrain de son agence. Accompagnant des passionnés, nous avons ainsi visité, entre autres, la Tour du Diable (Devils Tower) aux États-Unis, les volcans de boue de Roumanie et d'Azerbaïdjan, l'étonnant volcan Changbaishan à la frontière sino-coréenne, les geysers de Bolivie, perchés à 5 000 mètres d'altitude. Nous avons survolé en hélicoptère le dôme de lave du mont Saint Helens. À Darwaza, au Turkménistan, un champ d'hydrocarbure brûle dans le désert, une véritable fournaise ! En Arménie, les volcans ne sont pas actifs actuellement mais sont tout récents, datés à seulement 2000 ans av. J.-C. Au Salvador, petit pays très volcanique, un programme de géothermie (capter la chaleur du sous-sol) très performant, permet de produire 29 % de l'électricité du pays. En Namibie, de gigantesques épanchements basaltiques, les « trapps » de l'Etendeka, datés de 133 millions d'années, témoignent de l'ouverture de l'océan Atlantique sud et de la séparation de l'Afrique et de l'Amérique du Sud.

Le Fogo, au Cap-Vert, en éruption en janvier 2015.

Dans le cadre de voyages « Eruption Express », qui, comme leur nom l'indique, se décident rapidement en fonction de l'activité volcanique du globe, nous avons filmé les gerbes de feu du Fogo au Cap-Vert en janvier 2015, les redoutables nuées ardentes du Sinabung en Indonésie en juillet 2015, le lac de lave du Masaya au Nicaragua en octobre 2016.

Le soleil couchant éclaire le panache de gaz du volcan Masaya au Nicaragua, en octobre 2016.

En 2021 débute une importante éruption dans le sud-ouest de l'Islande, dans la péninsule de Reykjanes. Nous y programmons trois voyages consécutifs en juin-juillet, au plus près de la lave exubérante. Bien sûr, ce n'est pas si simple en pleine épidémie du Covid.

En fait, une importante crise sismique a débuté le 21 janvier 2020 dans cette région, qui n'avait pas connu d'activité volcanique depuis… 800 ans. Elle dure 14 mois puis l'éruption démarre le 19 mars 2021. J'explique ma surprise à Yves Calvi qui m'avait invité sur le plateau de LCI. Yves me dit alors « je suis surpris de votre surprise ». Je lui réponds, que bien que nous savions cette région potentiellement volcanique, assister justement à son réveil au bout de 8 siècles de repos était étonnant et que, peut-être nous repartions pour 8 siècles d'activité !

Sur place, on se rend au total une quinzaine de fois sur le site éruptif de Fagradalsfjall - Geldingadalir, pour juger de l'évolution de la situation. Chaque jour le spectacle est différent… la météo aussi. Cinq bouches éruptives se sont succédé, formant des cônes de laves soudées (« spatter cone »), alignées le long d'une fissure de 700 m. Puis l'activité se concentre sur la bouche n° 5. Des coulées de lave s'épanchent, fluides (type « pahoehoe ») ou plus visqueuses (type « aa »), parfois en tunnel. Un autre jour, des fontaines de lave jaillissent à plusieurs dizaines de mètres de hauteur toutes les 10 minutes. Des barrières de terre de plusieurs mètres de hauteur ont été édifiées pour tenter d'arrêter les coulées. Il n'y a alors pas encore de danger pour les populations car la lave est à plusieurs kilomètres du petit port de Grindavik. Cette première éruption dure 6 mois et s'arrête le 18 septembre 2021. Ce n'est que le début d'une longue série, puisque vont suivre une autre éruption en 2022, deux en 2023 et six en 2024 ! Malheureusement, la ville de Grindavik a été très secouée par les séismes, les plus de 3000 habitants ont été évacués.

En 2023, deux voyages ont permis de visualiser le « réchauffement climatique mondial ». En septembre 2023, en Ouzbékistan, on se baigne (c'est frais mais on flotte facilement !) dans la mer d'Aral, qui se rétrécie de jour en jour. En décembre 2023, on visite les glaciers de Patagonie (Argentine et Chili), qui reculent pour la plupart. En février 2025, retour en Islande, entre volcans et aurores boréales. C'est ma 125e expédition !

Je me suis intéressé aussi… à la planète Mars et à ses terrains d'origine volcanique, comparés à des analogues

Le petit lac de lave du volcan Masaya au Nicaragua, en octobre 2016.

terrestres (Islande, Kamtchatka), en collaboration avec mon collègue et ami Bernard Platevoet et les astrophysiciens d'Orsay. Ceux-ci conçoivent des appareils ultra-performants, embarqués dans les sondes spatiales. Aujourd'hui, nous disposons d'importantes données sur le sol (et le sous-sol ?) martien, grâce à des sondes satellisées (orbiter), d'autres qui se posent (lander) ou même qui se déplacent en surface (rover). Par spectrométrie infrarouge (observatoire Omega embarqué par la sonde Mars Express), il nous est possible de reconnaître les basaltes voire certains de leurs minéraux constitutifs (olivine, pyroxène). Nous avons aussi collaboré à l'étude d'une météorite de type « chondrite carbonée » et plus spécifiquement d'une enclave de 1 mm de large ayant une composition de trachybasalte. Une façon astucieuse de renouer avec mes anciens projets de cosmonaute.

J.M. Bardintzeff devant le Fogo en éruption, au Cap-Vert, en janvier 2015. (© J.-M. Bardintzeff / Sylvain Chermette).

« Karkar », p… cône volcani… strombolien et sa coulée … âgées de qu… milliers d'an… dans le mas… Syunik en Ar… (juillet 2018…

Les trapps (vastes épanchements basaltiques) de l'Etendeka dans le nord-ouest de la Namibie (ici près de Palmwag) forment d'immenses plateaux (avril 2022).

Un joli lac ac… jade dans le … sommital du … Ana au Salv… (octobre 20…

Le cratère du volcan Uran Uul en Mongolie et son lac (juillet 2022).

Le cône volc… parfait de l'… Cerro Verde … boisé, et le l… caldeira Coa… en arrière-p… (Salvador, o… 2018).

La « Porte de l'enfer » à Darwaza, Turkménistan (avril 2018) : il ne s'agit pas d'un volcan mais d'un gisement de gaz naturel en flamme depuis 1971. Le « cratère » mesure 70 m de diamètre et 30 m de profondeur.

Jacques-Ma… Bardintzeff, volcanologu… la températ… Laguna de A… Salvador, 2… (© Hervé St…

L'éruption de Fagradalsfjall / Geldingadalir en Islande (19/3/2021 - 18/9/2021) : des images de début ou de fin du monde ! (photos prises entre le 31 mai et le 17 juin 2021).

> Mente et malleo.
>
> *(Par l'esprit et le marteau, la devise des géologues)*

En expédition près de Morondava, la province des baobabs, à Madagascar.

CHAPITRE 9

Mon métier de volcanologue

Doit-on dire volcanologue ou vulcanologue ? Les deux termes sont corrects et présents dans les dictionnaires. Le premier fait référence au volcan, le deuxième à Vulcain, le dieu latin du Feu et du Métal. Par contre, on emploie plus fréquemment le terme de « volcanologie » pour désigner la science correspondante.

Comme en médecine, on distingue plusieurs spécialités : certains (les pétrographes ou pétrologues) s'intéressent aux roches et aux téphras, d'autres aux gaz. Comme leurs noms l'indiquent, les géochimistes prennent prioritairement en compte l'aspect chimique et les géophysiciens l'aspect physique. Une collaboration entre les différents spécialistes s'impose, surtout pour établir, en bilan final, une carte de risques volcaniques. Sur ce type de document apparaissent des zones de couleurs différentes, en général, du plus dangereux au plus sûr : rouge, orange, jaune et vert. Des surcharges indiquent le type de risque (nuée ardente, lahar, etc.). En France, on compte une vingtaine de volcanologues à plein temps et une centaine de scientifiques dont la recherche concerne en partie les volcans.

Du 1er octobre 1977 au 31 août 2022 (soit 45 ans, moins un an de service national), j'ai été enseignant-chercheur (assistant puis maître de conférences puis professeur). J'ai fait toute ma carrière à l'Université Paris-Sud Orsay (Paris XI), intégrée dans l'Université Paris-Saclay le 1er janvier 2020.

Je dépendais donc du ministère de l'Enseignement supérieur et de la Recherche. Mon travail, double, différait de celui d'un chercheur à plein-temps, du C.N.R.S. (Centre national de la recherche scientifique) par exemple.

Quand on me demandait en quoi consistait mon métier, je répondais : enseignement, mission sur le terrain, recherche en laboratoire et publication scientifique, administration, diffusion des connaissances par des livres, des conférences, des interventions dans les médias. Mais les journées n'ont que 24 heures. Il faut donc trouver un équilibre.

Depuis le 1er septembre 2022, je suis professeur émérite, c'est-à-dire que je continue la recherche et la diffusion des connaissances, j'ai toujours mon bureau mais je n'enseigne plus à l'Université.

L'enseignement est fondamental à tous les niveaux d'une société, de l'école maternelle à l'université. On peut le comparer à une fusée à plusieurs étages qui doit mettre un jeune en orbite dans la société des adultes. Chacun de nous se souvient avoir eu de bons professeurs et aussi de moins bons, avec des conséquences importantes.

Cette partie de ce métier me semble capitale. Ce contact permanent avec les jeunes, qui se renouvellent chaque année, permet de se remettre constamment en question. J'ai toujours eu de bonnes relations avec mes étudiants, que je considère un peu comme de jeunes frères et sœurs, et c'est toujours un grand plaisir pour moi de les retrouver quelques années après, de savoir ce qu'ils sont devenus, d'avoir des nouvelles de leur « promo ». Mes étudiants sont fiers lorsqu'ils me voient à la télévision.

Comme la plupart de mes collègues, j'ai enseigné à tous les niveaux de l'université. Dans le cadre de la licence (les trois premières années appelées L1, L2, L3), j'ai été amené à enseigner la géologie générale. Le plus souvent, je me chargeais de la géologie « interne » : la formation et la constitution de la planète Terre, les mouvements des plaques et leurs conséquences (volcans, séismes, chaînes de montagnes). Un collègue s'occupait alors de la géologie « externe » (les sédiments, l'eau). J'ai beaucoup enseigné en troisième année, plus particulièrement la chimie des roches magmatiques et des minéraux qui les constituent. Durant les deux années suivante (M1 et M2), de master (master recherche ou master professionnel), je focalisais l'enseignement sur la volcanologie, les dynamismes éruptifs et les risques associés. À partir de l'année 2000, je me suis très investi dans le cadre de la préparation au Capes (Certificat d'aptitude au professorat de l'enseignement du second degré). Cette préparation était conjointe avec l'IUFM (Institut universitaire de formation des maîtres), devenu l'ESPE (École supérieure du professorat et de l'éducation), puis l'INSPE (Institut national supérieur du professorat et de l'éducation). Je formais donc de futurs professeurs qui, plus tard, à leur tour, transmettaient leurs connaissances. Ainsi, quatre de mes étudiants ont ensuite été des professeurs de ma fille, à l'école primaire et au collège !

Pour les étudiants, il s'agit, bien sûr, d'acquérir des connaissances fondamentales. J'insiste aussi sur le fait concret que le géologue a de plus en plus son mot à dire sur la gestion de la planète, qui conditionne notre vie de chaque jour : exploitation des matières premières minérales et énergétiques, alimentation en eau, génie civil et

L'auteur du livre dans le cratère du Lengai, en Tanzanie, volcan en noir et blanc.

grands travaux, environnement et stockages de déchets, nucléaires ou non, risques telluriques.

Les travaux pratiques et les travaux dirigés sont incontournables pour une science « naturelle » : observations d'échantillons de roches et de lames minces au microscope, lectures de cartes géologiques. Une bonne démarche consiste toujours à partir des faits avant d'envisager les modèles théoriques, pour développer chez les étudiants le bon sens, l'esprit critique, l'expression orale.

Dans le domaine plus particulier de la volcanologie, on dispose maintenant de données chiffrées, des bilans d'énergie et de matière. Bien évidemment, la gestion des risques naturels est prioritaire.

Le début et la fin de l'année universitaire sont classiquement consacrés à des excursions et à des camps de terrain. C'est une « récompense » pour les étudiants. Ils découvrent vraiment le métier de géologue avec ses bons et ses (quelques) mauvais côtés (parfois de vraies galères !). Il n'est pas rare de voir tomber de la neige fondue en mai dans le Mont-Dore, en Auvergne. Inversement, la chaleur est parfois suffocante dans le massif volcanique ancien de l'Esterel. On partage alors les joies et les peines, par monts et par vaux, pour dresser la carte géologique de la région.

Les bons souvenirs sont nombreux, les anecdotes savoureuses. Voici une jolie « perle » volcanologique. Un étudiant, qui devait rêvasser en cours, ne se souvenait que très vaguement des problèmes d'érection des dômes et des nuées ardentes associées. Dans sa copie, on pouvait lire : « L'érection de la montagne Pelée a suivi une nuit ardente »…

Pendant huit ans, j'ai été membre du jury national de l'agrégation des sciences de la vie et de la Terre, le plus haut diplôme de l'enseignement en France, et pendant neuf autres années membre du jury du Capes. J'ai corrigé des centaines de copies et auditionné de nombreux candidats. Au cours de réunions, ou de façon plus informelle, nous avons confronté nos points de vue entre collègues de différents horizons (inspecteurs généraux de l'Éducation nationale, inspecteurs pédagogiques régionaux, professeurs d'universités, de classes préparatoires, de lycées et collèges, de biologie et/ou de géologie). Tout ceci m'a donné un certain recul et une assez bonne idée de l'enseignement de la géologie dans l'enseignement supérieur. D'ailleurs, j'avais consigné mon expérience dans un petit manuel à l'usage des étudiants (et des enseignants), en collaboration avec Jean-Paul Dubac, biologiste végétal et Jean-Claude Baehr, biologiste animal. Son titre était ambitieux : Réussir le capes et l'agrégation des sciences de la vie et de la Terre. Je n'ai pas pu y ajouter la mention « satisfait ou remboursé » mais, de tout cœur, nous y donnions le maximum de conseils.

Les missions sur le terrain constituent le côté le plus original, le plus enrichissant et le plus passionnant du métier de volcanologue. C'est celui qui fait rêver les jeunes. J'en ai longuement développé les différents aspects dans les chapitres de ce livre. Vous avez compris que nous n'avons pas le droit à l'erreur : il faut prévoir, selon les destinations, les médicaments (en pays tropical, la moindre blessure peut s'infecter dangereusement), les vaccins et traitements antipaludéens (le Lariam, particulièrement indigeste !), et aussi, tout simplement, des vêtements bien adaptés au climat et à la saison.

ENCADRÉ 18

Check-list d'expédition

Tenue vestimentaire : des vêtements légers à manche longue pour les pays tropicaux, des vêtements chauds pour l'altitude, plus, dans tous les cas, des vêtements imperméables et un parapluie ; des protections contre le soleil (chapeau, lunettes, écran solaire).

Petit matériel : gourde, lampe de poche et piles ou lampe dynamo, couteau.

Matériel de couchage : tente et duvet, matériel de camping, moustiquaire.

Matériel photo / vidéo, téléphone mobile.

Documents importants : passeport et visa, billet d'avion, permis de conduire, carte de groupe sanguin, carnet de vaccination... et, bien sûr, argent, carte de crédit...

Médicaments : médecine tropicale, antibiotique à spectre large, hydroclonazone pour traiter l'eau, biafine contre les brûlures.

Trois semaines de mission peuvent se traduire ensuite par six mois d'études plus austères en laboratoire. Dans un premier temps, il s'agit d'utiliser différentes techniques d'analyse ; l'interprétation, plus intellectuelle, viendra ensuite, ce qui n'empêche pas de réfléchir au fur et à mesure de l'avancement des travaux.

Un pétrographe doit commencer par broyer une partie des échantillons de roches. Ce travail, bruyant et polluant, se passe traditionnellement au sous-sol, dans une cave. Un broyeur à mâchoires réduit des fragments de roches, de la taille d'un sucre, en granulés de quelques millimètres dans un bruit de « cric crac ». Ensuite, ces granulés sont placés avec des billes en agate dans un bol, en agate également, qui tourne sur lui-même à grande vitesse. Au bout d'une demi-heure, on obtient une poudre de roche d'une finesse extrême, impalpable, prête pour le laboratoire d'analyse chimique. Classiquement, il faut broyer plusieurs dizaines de tels échantillons. Entre chaque broyage, il faut méticuleusement nettoyer tout l'appareillage avec de l'air comprimé puis de l'alcool, pour éviter tout risque de pollution analytique. On passe donc plusieurs jours à la cave, avec de la poussière de roches jusqu'aux oreilles. Il s'agit d'une sorte « d'initiation ».

Le travail devient ensuite de plus en plus « noble ». Un technicien appelé « litholamelleur », réalise des lames minces de roches. Usées avec des abrasifs de plus en plus fins, celles-ci deviennent transparentes. Les minéraux constitutifs prennent des teintes caractéristiques sous un microscope polarisant. Mais attention : ces lames minces doivent avoir exactement 30 microns d'épaisseur, avec une erreur inférieure à dix pour cent ! Il faut bien distinguer les gros cristaux, de plusieurs millimètres, de forme géométrique (« automorphe ») cristallisés au sein de la chambre magmatique profonde, des petits, appelés microlites, formés plus superficiellement.

La microsonde électronique permet, par un bombardement d'électrons sur une lame polie, d'analyser très précisément les minéraux. C'est aujourd'hui un outil de base en pétrologie. On peut ainsi connaître la teneur en aluminium ou en chrome d'un pyroxène et donc se faire une idée de son origine. On peut mettre en évidence des zonages, depuis le cœur riche en calcium d'un plagioclase jusqu'à sa périphérie plus sodique. Ensuite, des calculs d'équilibre entre les différentes phases minérales permettent de connaître la température et la pression, mais aussi d'autres paramètres, tels la fugacité d'oxygène, régnant en profondeur.

Les cendres volcaniques, de quelques dizaines de microns, peuvent être observées au microscope électronique à balayage (M.E.B.). Elles révèlent des formes étonnantes. Certaines massives, anguleuses proviennent de la pulvérisation

Lors de la réunion internationale à Colima au Mexique, en janvier 1996.

d'anciens dômes ou coulées. D'autres, micro-alvéolaires car riches en gaz, résultent de la solidification du magma neuf, cogénétique à l'éruption.

Des études géochimiques, plus fines encore, permettent de connaître des teneurs isotopiques. Des méthodes géochronologiques donnent des datations des échantillons.

Après avoir collecté le maximum d'informations, il faut rédiger une publication scientifique, pour faire connaître son travail à la communauté géologique. Ce travail d'écriture rigoureux est souvent difficile, surtout en langue anglaise. J'aime bien arriver de bonne heure au « labo », quand tout est encore calme ; assis à mon bureau, l'esprit clair devant ma feuille blanche (mon écran), dans le silence, je jette mes idées.

J'apprécie le côté naturaliste de mon travail. J'essaye d'avoir une vision globale des phénomènes, en prenant en compte les autres branches de la géologie. Mon modèle est Buffon, auteur d'une monumentale Histoire Naturelle en 36 tomes ! Une grande admiration aussi pour Théodore Monod, qui se définissait humblement comme un « constatateur se livrant au patient travail d'inventaire du cosmos, à l'inlassable accumulation des matériaux nécessaires à une description du monde ».

Les publications scientifiques sont très importantes pour un chercheur car elles constituent autant de références définitives. Elles s'intègrent dans des revues spécialisées, qui parviennent dans les principales bibliothèques, universités, centres scientifiques du monde. Elles y sont référencées et peuvent être consultées sur certains portails internet. Dans le domaine de la volcanologie, deux revues importantes sont le *Bulletin of Volcanology* et le *Journal of Volcanology and Geothermal Research*. Mais on peut être aussi amené à publier dans d'autres revues de pétrologie, minéralogie ou d'intérêt plus général. À ce jour j'ai écrit ou co-écrit plus de quatre-vingts publications internationales, en particulier sur les dynamismes éruptifs et les risques naturels, sur l'origine et l'évolution des magmas.

Régulièrement, les volcanologues se réunissent lors de congrès nationaux ou internationaux. C'est l'occasion pour chacun de présenter ses résultats à la communauté scientifique et de rencontrer ses homologues du monde entier, dont certains deviennent des amis. Souvent de tels congrès sont organisés dans des pays volcaniques (Japon, Mexique, etc.). Nous pouvons alors expertiser ensemble, sur place, tel ou tel massif et les produits associés à une éruption récente ou ancienne.

Lors de la Réunion des Sciences de la Terre en 1992 à Toulouse, le président de la Société géologique de France m'a remis le prix Furon, décerné tous les deux ans à un jeune géologue spécialiste des roches éruptives : un honneur pour moi car Raymond Furon a été un des grands géologues français du vingtième siècle.

Une fois sa thèse soutenue, un chercheur est amené à diriger lui-même des thèses. J'ai dirigé plusieurs thèses d'étudiants français ou étrangers (camerounais, malgache, brésilien). À chaque fois, il s'agit d'un long parcours commun. Le jour de la soutenance est une grande fête.

Notre carrière est jalonnée, comme partout ailleurs dans la fonction publique, d'échelons, de grades, à gravir. Le tournant le plus important, et le plus difficile, est le passage de maître de conférences à professeur des universités : j'ai obtenu cette promotion en 2000.

Le côté administratif du métier, le plus ingrat, est nécessaire. Il s'agit de proposer des projets et des programmes scientifiques à différentes commissions, pour obtenir leur financement, en partie du moins. Chaque dossier, qui doit être complet et le plus convainquant possible, demande un gros travail de réflexion et de rédaction. Dans le cas où le projet a été retenu, il faut bien sûr présenter en fin de contrat le bilan scientifique et financier.

Au niveau de la communauté géologique française, chacun doit prendre en charge une mission, au bénéfice de tous. Ainsi, j'ai été membre élu du conseil d'administration du Comité national français de l'Union internationale pour l'étude du Quaternaire (INQUA) et de celui du Comité national français de géologie (CNFG). Actuellement, je suis membre du Comité Français de l'Union Internationale pour la Conservation de la Nature (UICN).

Ma plus importante contribution s'effectue au sein de la Société géologique de France, noble institution créée par ordonnance royale en 1832, qui rassemble de nombreux géologues français et étrangers. Depuis 1986, j'y ai toujours eu un mandat et j'y ai occupé quasiment tous les postes, de secrétaire à vice-président. Je m'investis aussi beaucoup dans la revue *Géochronique*, d'information en *Sciences de la Terre*, à parution trimestrielle, co-éditée par le Bureau de recherches géologiques et minières (B.R.G.M.) et la Société géologique de France. J'y ai été longtemps rédacteur en chef et directeur de la publication.

La diffusion des connaissances auprès du grand public constitue également l'une des missions de l'enseignement supérieur. La volcanologie constitue un sujet privilégié par son côté spectaculaire, régulièrement d'actualité, et ses interactions avec les populations. Avec plaisir, je me suis toujours investi. Qui a dit « Heureux qui communique » ?

Des livres de l'auteur, consacrés aux volcans, s'adressant à différents publics, en plusieurs langues.

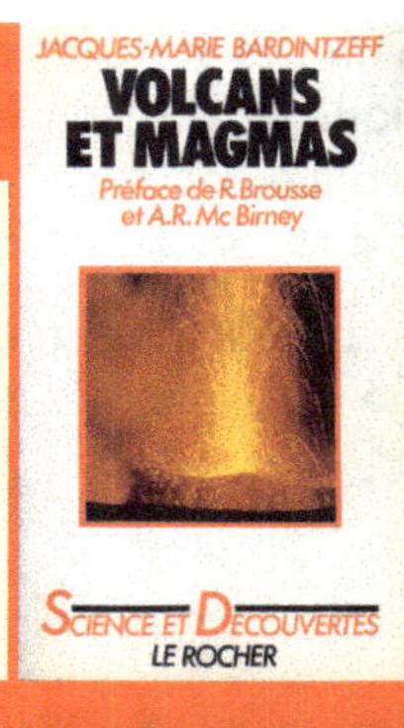

Invité par Bernard Portugal au journal « 19-20 » de France 3 - Alpes, le 2 janvier 2008, pour la sortie, de mon livre Volcans, écrit avec Olivier Grunewald, et traduit ultérieurement en allemand et en russe.

J'ai commencé la rédaction de mon premier livre le lendemain de la soutenance de ma thèse d'État, fin 1985. Je l'ai titré *Volcans et magmas* pour insister sur la logique du phénomène, de la profondeur à la surface. Paru aux éditions du Rocher, de format poche, et d'un prix modique, il a eu son petit succès.

Depuis, j'ai toujours un livre en tête et celui que vous lisez actuellement doit être le vingt-quatrième. Ma devise est celle de Pline l'Ancien, qui mourût en 79 au pied du Vésuve en éruption : « Nulla dies sine linea » (« Pas un jour sans une ligne »). En période de fin de rédaction, les nuits sont aussi mises à contribution. J'ai toujours de petites fiches de papier à portée de main. Dans l'obscurité, j'y inscris au crayon les idées qui me viennent, sans réveiller mon épouse. Certains matins, je récolte ainsi une dizaine de messages utilisables. « Le jour est le père des labeurs et la nuit la mère des pensées ». Je compare un peu la sortie d'un livre à une naissance ; il faut neuf mois de gestation, d'efforts. L'humoriste Alphonse Allais disait de l'écriture « c'est 10 % d'inspiration pour 90 % de transpiration » !

J'ai écrit pour différentes catégories de lecteurs. Des livres scientifiques de haut niveau, des livres pour le grand public, richement illustrés, des livres pour les jeunes, que j'espère aussi réussis que ceux qui m'ont fait rêver. Certains ont été réédités, d'autres traduits, en huit langues (anglais, allemand, italien, russe, arabe, coréen, chinois et… taïwanais).

Régulièrement, je donne des conférences (près de 600 au total) et vais à la rencontre des jeunes ou du grand public pour parler de ma passion. Parfois, cela s'inscrit dans le cadre d'un vaste projet pédagogique d'un établissement scolaire. J'imagine alors que les écoliers, les collégiens ou les lycéens sont davantage motivés pour rédiger leurs dossiers ou préparer une exposition quand ils savent qu'un volcanologue viendra leur rendre visite.

Je prends ainsi mon bâton de pèlerin pour me rendre « dans les quatre coins de l'Hexagone ! » comme disait un humoriste. Voilà qui constitue une sorte de tour de France du compagnon pour rencontrer les gens chez eux. L'accueil que je reçois régulièrement me fait toujours chaud au cœur : l'équipe organisatrice a fait le maximum pour la réussite de la soirée. Remplir une salle de 300 places, voire plus, est une belle satisfaction pour un scientifique. Une fois, dans le Poitou, un brave paysan, coiffé d'un immense béret, arrive avec plus d'une heure d'avance et nous demande avec son accent fleurant bon le terroir « c'est-t'y ben ici la conférence sur les volcans ? ». Il s'installe au premier rang, alors que nous sommes encore en pleine installation et essai technique des appareils de projection. À la fin de la conférence, il demande la parole « J'ai une question : j'habite près de… Saint-Hilaire des Vignes (*en fait, je n'ai pas bien compris le nom du lieu*) et il y a une sorte de filon de roche éruptive, p'têt ben qu'c'est du granite. » Voilà ce qu'on appelle typiquement la question piège, car, bien sûr, je ne peux malheureusement pas connaître la géologie de chaque commune française. De plus, ce n'était pas vraiment une question, plutôt une remarque. Mais j'ai été touché par l'intérêt manifesté par ce monsieur : qualifier le granite de roche éruptive était fort juste ; ceci n'est d'ailleurs pas clair pour certains de mes étudiants de l'université. Je réponds donc sur les roches éruptives en général et sur les filons hypo-volcaniques, baptisés dykes, en particulier. Il se dit fort satisfait de ma réponse et affirme que maintenant tout est clair pour lui. Je le retrouve ensuite au petit stand où je dédicace mes livres. Il m'achète… la vidéo *Eruptions stories* que nous venons de projeter. Ce qui prouve qu'il a parfaitement intégré les techniques modernes… Voici un renversement de situation digne d'un sketch de Fernand Raynaud !

La conférence se termine toujours par un débat, parfois très chaleureux et passionné. On ne voit pas le temps passer. Ensuite, les gens se pressent, pour une question supplémentaire qu'ils n'ont pas osé formuler en public ou pour me raconter leur expérience en Auvergne ou ailleurs. Je dédicace les livres avec une phrase différente pour chacun. La plupart des jeunes rencontrent à cette occasion un auteur pour la première fois. On raconte que l'un d'eux traduisit une fois son étonnement par une phrase révélatrice « Je croyais qu'un écrivain… c'était mort. »

Voici quelques questions qui me sont régulièrement posées (et leurs réponses !).

Les volcans d'Auvergne peuvent-ils se réveiller ? Les plus récents (les maars - lacs - du Pavin et d'Estivadoux, les puys de Montcineyre et de Montchal) ont entre 6 000 ans et 8 000 ans, peut-être moins, ce qui est tout récent à l'échelle géologique. Leur réveil n'est donc pas exclu… Dans un siècle ? Un millénaire ? Mais l'éventuelle éruption sera alors prévue.

Comment devenir volcanologue ? Ce livre répond en grande partie à cette question. Il est nécessaire d'avoir l'esprit scientifique, d'être très motivé, studieux, de croire en son étoile. Il faut aussi se donner les moyens de ses ambitions, jusqu'à l'université ou une grande école.

Si un tel projet ne peut pas aboutir, il ne faut surtout pas se désoler. J'insiste toujours sur le fait qu'il y a aussi la possibilité de vivre sa passion comme un amateur véritable. Consacrer ses loisirs et son temps libre à visiter des volcans peut devenir une source de joies incomparables. Chacun de nous a rêvé de voir, au moins une fois dans sa vie, un volcan, si possible en éruption. Le choix est grand, à la mesure de tous les moyens physiques ou financiers, depuis le cône du puy Pariou, petit mais parfait, jusqu'à l'immense Kilimandjaro enneigé.

© CSI / M. Lamoureux.

Rencontre avec les jeunes à La Cité des sciences et de l'industrie en janvier 1996 ; les enfants entraînent aussi leurs parents, visibles à l'arrière-plan.

Sur l'Erta Ale en Éthiopie, lors d'une séquence d'« Ushuaïa Nature », j'ai revêtu une tenue aluminisée ignifugée. La visière est recouverte d'une fine feuille d'or transparente, qui protège les yeux contre la chaleur.

Jacques-Marie Bardintzeff prélève un échantillon du lac d'acide du Zao au Japon, en août 2006.

ENCADRÉ 19

Équipement et appareillage du volcanologue

L'équipement d'un volcanologue sur le terrain est avant tout celui, pratique, d'un montagnard : de bonnes chaussures de marche, un sac à dos. Il faut toujours pouvoir être le plus mobile possible face au danger. Plus spécifiquement, on se munit d'un casque pour se protéger des projections, d'un masque à gaz filtrant, de gants.

Dans certains cas exceptionnels, pour prélever de la lave en fusion ou des gaz brûlants, on revêt des habits aluminisés en vetalu, par dessus une combinaison en nomex viscose.

Le matériel et l'appareillage dépendent du type d'étude : un marteau pour casser les roches, un grattoir pour les cendres et un pinceau pour nettoyer l'affleurement, plus des sacs à échantillons. Une loupe permet une observation précise des minéraux. Un tube et des ampoules sont utilisés pour le prélèvement des gaz, des flacons en plastique résistant (nalgène) pour les eaux acides. Des thermomètres spéciaux permettent de mesurer les températures excédant 1 000 degrés.

Une carte topographique (si elle existe), une boussole et un altimètre, un G.P.S., permettent un repérage précis sur le terrain. Un carnet de terrain recueille les relevés, des stylos-feutres (un noir pour les roches claires et un rouge pour les sombres) servent à numéroter les échantillons. Un mètre de couturière est bien utile pour les mesures de l'épaisseur des niveaux volcaniques, la taille d'une bombe…

Le métier de volcanologue fait rêver les jeunes. Voici un portrait que ma fille Jade avait fait de moi !

Une femme peut-elle devenir volcanologue ? me demandent des petites filles. Bien évidemment. Certaines gravissent l'Everest, d'autres affrontent en bateau les quarantièmes rugissants. Il faut simplement ne pas craindre une vie sans confort le temps des missions.

Quelle est la vie d'une femme de volcanologue ? Concilier ce métier avec la vie de famille pose des problèmes quand je pars à l'autre bout du monde. Parfois, une mission se décide dans les 24 heures, perturbant les projets familiaux. Je me suis marié relativement tard, à presque 38 ans. En m'épousant, ma femme a fait aussi alliance avec Vulcain… Artiste, elle ignorait tout des volcans. Depuis, en m'accompagnant à des congrès ou lors d'excursions, elle a pu en visiter plusieurs, en Italie, aux Canaries et aux Açores, en Islande, au Japon, en Nouvelle-Zélande… parfois même en éruption comme au piton de la Fournaise, à la Soufrière de Montserrat ou à Hawaii.

Une ou deux fois par an, pendant les vacances de Pâques ou d'été, j'encadre des excursions, pour faire partager ma passion à d'autres personnes, dans le cadre d'associations culturelles. Animer un groupe, lui insuffler l'esprit d'équipe est

Ma femme Isabelle partage quelques-unes de mes aventures volcanologiques : ici sur le volcan San Antonio dans l'île de La Palma aux Canaries.

En juillet 2000, avec Jade, ma « poupette », alors âgée de deux ans et demi. Quand elle voyait mes sacs et mon matériel s'empiler dans notre séjour, elle comprenait que j'allais partir. Je lui expliquais que je reviendrai bien vite et que je serai très prudent en pensant à elle. En effet, en devenant père de famille, j'avais de nouvelles responsabilités.

enthousiasmant, quoique pas toujours facile. En général, tout se passe très bien, l'ambiance se fait plus chaleureuse chaque jour, synonyme d'une nouvelle aventure. Ainsi, j'ai conduit des professeurs (et leurs conjoints) de l'A.P.B.G. (Association des professeurs de biologie et de géologie) sur le Stromboli en Italie, jusqu'à l'Askja et au Laki en Islande. Avec Denice Moreau et Atlace, une association culturelle de Boulogne, nous sommes partis pour les îles Canaries et, deux ans plus tard, sur la Fournaise en éruption. Puis ce fut Yellowstone, les Açores, la Chaussée des géants, le Japon, la Nouvelle-Zélande, Hawaii... À plusieurs reprises, je suis intervenu comme conseiller scientifique et pédagogique pour des agences spécialisées dans les voyages à thèmes « nature »: *Terra Incognita* et maintenant *80 Jours Voyages*. Je peux être aussi conférencier à bord d'un navire lors d'une croisière en région volcanique. Les participants deviennent souvent des amis et on se retrouve avec plaisir d'un voyage à l'autre. Le plus jeune du groupe peut avoir 15 ans et le doyen 90 ans!

Plusieurs étés de suite, dans le cadre de l'école Volvic de l'éveil, j'ai guidé des enfants d'une dizaine d'années dans la chaîne des Puys. Deux jours de « treck » avec au programme l'ascension de plusieurs volcans (les puys de la Vache, de Lassolas, de l'Aumône et du Pariou) et une nuit de camping dans une belle prairie, au pied du puy de Dôme. Assis au bord du cratère du Pariou, nous imaginions ensemble ce qui avait dû s'y passer voici 8 000 ans environ: une éruption majestueuse, pendant quelques mois, et l'édification de ce cône superbe, qui n'a pas changé depuis.

Une excursion volcanologique à caractère pédagogique dans la chaîne des Puys: les enfants de l'école Volvic de l'éveil au bord du cratère du puy Pariou, avec le puy de Dôme en arrière-plan.

Mes livres et mes conférences m'ont amené à participer à de nombreuses émissions de radio et de télévision (plus de 600!). J'aime bien les conditions du direct, si spontanées. Parfois, des moyens techniques importants donnent l'occasion de travailler différemment et d'apprendre énormément. Ma navigation en canot pneumatique sur le lac d'acide du Kawah Idjen avec Nicolas Hulot pour son émission « Ushuaïa Nature » en 1997 n'aurait jamais pu se faire autrement. J'ai retrouvé plusieurs fois, toujours avec plaisir, Nicolas et son équipe, en 2001 à Hawaii pour prélever des laves en fusion avec Don Swanson, en 2004 en Éthiopie, entre les sources thermo-minérales de Dallol et la caldeira de l'Erta Ale, en 2008 au Mexique, au fond du gigantesque gouffre Sotano de la Lucha.

Avec Nicolas Hulot pour « Ushuaïa Nature », au Kawah Idjen en Indonésie (1998), à Hawaii (2001), à Dallol en Éthiopie (2004).

J'ai aussi de très bons souvenirs d'émissions de radio ou de télévision avec Igor et Grichka Bogdanoff, Yves Calvi, Denis Cheissoux, Jean-Pierre Foucault, Mac Lesggy, Élise Lucet, Marie-Odile Monchicourt, Mathieu Vidard…

Avec Élise Lucet sur l'Etna, en avril 2000 lors de l'émission « Les Aventuriers de la Science » et la vision du dessinateur humoriste Jean-Paul Vomorin.

Avec Mac Lesggy sur M6 en novembre 2005, pour l'émission-débat « Tsunami en France : sommes-nous menacés ? »

En 2010, Yann Arthus-Bertrand me propose d'animer avec lui un épisode de sa série « Vu du ciel » sur France 3, intitulé « Volcans, la terre déchaînée ». On tourne en Italie durant l'été. J'apprécie beaucoup Yann, sa gentillesse, son humour et son talent de photographe. La conclusion : « Volcan, utile ou nuisible ? À vous de choisir ! »

Au printemps 2014, Vincent Pérazio, réalisateur, me contacte car il va tourner un film de 90 minutes « Objectif Mont-Blanc, sur les traces d'un géant ». Il me propose de faire partie de l'équipe de trois scientifiques, avec Martine Rebetez, climatologue suisse, et Étienne Klein, physicien et philosophe. Nous tenterons l'ascension, en plusieurs jours par la voie historique de la mer de Glace, sur les traces du pionnier Horace de Saussure. Le pari sportif semble difficile pour moi à soixante ans mais très tentant donc j'accepte le challenge ! Nous sommes encadrés par deux guides chevronnés, Jean-Franck Charlet et François-Régis Thevenet, et par Hugo Nespoulet médecin physiologiste. Sur place, le décor est grandiose pour une « mise en jambe » entre l'Aiguille du Midi et le refuge Torino en Italie. L'esprit « cordée » s'impose vite. Nous devisons ensemble, devant les caméras, sur la formation du massif, son devenir. Après une nuit au refuge du Couvercle, nous sommes maintenant au refuge des Cosmiques. La météo se gâte, il faut modifier nos plans. Enfin, c'est l'assaut à partir du refuge du Goûter. J'ai le souffle court au-dessus de 4000 mètres d'altitude, chaque pas me demande un énorme effort. Je m'arrête à l'abri Vallot, à 4 370 mètres d'altitude. Étienne ira un peu plus haut et Martine jusqu'au sommet. Je suis à ma place, en montagne on ne triche pas. Mais pas de regret car j'ai vécu une superbe aventure avec une équipe formidable. J'ai battu mon record d'altitude dans les Alpes. Le documentaire, diffusé sur Arte, reçoit une critique unanimement positive. Le magazine Télé 2 semaines écrit: « Les images sont époustouflantes, les propos passionnants » et Télépoche : « Une aventure humaine au milieu de paysages fabuleux ».

Lors du tournage de l'émission de télévision « Objectif Mont-Blanc, sur les traces d'un géant », les deux cordées à l'Aiguille du Midi, avec le mont Blanc en arrière-plan. De gauche à droite, assis : François-Régis Thevenet et Hugo Nespoulet, debout : Jacques-Marie Bardintzeff, Martine Rebetez, Étienne Klein, Jean-Franck Charlet (30 juin 2014).

Début 2016 c'est tout autre chose ! Je participe à l'émission de Frédéric Lopez, « Folie Passagère », sur France 2. Il s'agit d'une émission de variété, diffusée en soirée, pour distraire le grand public. Sur le plateau, il y aura deux humoristes, Stéphane Rousseau et Virginie Hocq, et des chroniqueurs (parfois acides ?). En fait tout se passe très bien, l'esprit est bon enfant, Frédéric met chacun à l'aise, chaleureusement. Quand il me demande ma phrase de conclusion, j'explique : « Une journée réussie c'est celle où j'ai appris, transmis, écrit ».

Un jour, des conseillers de la société des eaux minérales de Volvic me téléphonent et me demandent un rendez-vous. En effet, depuis presque toujours, Volvic a axé ses campagnes publicitaires sur l'Auvergne et ses volcans. Cette fois, les publicitaires souhaitent avoir les conseils scientifiques d'un volcanologue. Le courant passe immédiatement, le projet prend corps. Et quelques mois plus tard, en août 1994, je me retrouve devant les caméras pour tourner un nouveau spot : *Sans vie sous Terre, il n'y aurait pas de vie sur Terre !* J'avais beaucoup réfléchi avant d'accepter car c'était la première fois qu'un scientifique intervenait de la sorte. J'ai finalement adhéré à ce projet car c'était l'occasion de collaborer avec des professionnels de très haut niveau : agence de publicité, société de production, conseillers artistiques… J'étais interviewé par Marie-Odile Monchicourt, journaliste reconnue, avec qui j'avais déjà participé à une émission de radio sur France Inter. J'ai immédiatement sympathisé avec le réalisateur Raymond Depardon, l'un des plus grands cinéastes français. Les images étaient magnifiques. Je tenais des propos simples mais uniquement scientifiques pour expliquer comment l'eau de Volvic se chargeait lentement en oligo-éléments au contact du sous-sol volcanique. Les responsables y tenaient, qui, comme moi, ne souhaitaient pas me voir avec un verre d'eau à la main vanter les mérites d'une marque. Les droits m'ont permis de financer ensuite plusieurs missions sur les volcans. En respectant son éthique propre, il n'est pas mauvais que la science puisse, elle aussi, profiter de sponsors. Mon contrat a d'ailleurs été calqué sur celui des champions sportifs, à ma grande fierté. Mon idole d'enfance Jacques Anquetil ne courrait-il pas sous le maillot Saint-Raphaël - Helyett ?

J'ai participé aussi à différentes manifestations (salons du livre, expositions, parrainages de musée, de bibliothèque ou de lycée). J'ai été président des salons du livre de Labège et de Passy. J'ai rencontré des personnalités dans différents domaines, bien différents du mien, tel celui du spectacle (Tom Novembre), de la mode (Lolita Lempicka)…

Certains souvenirs me tiennent à cœur parmi d'autres.

Dernière photo souvenir avec Raymond Depardon à la fin du tournage du spot publicitaire Volvic en septembre 1994.

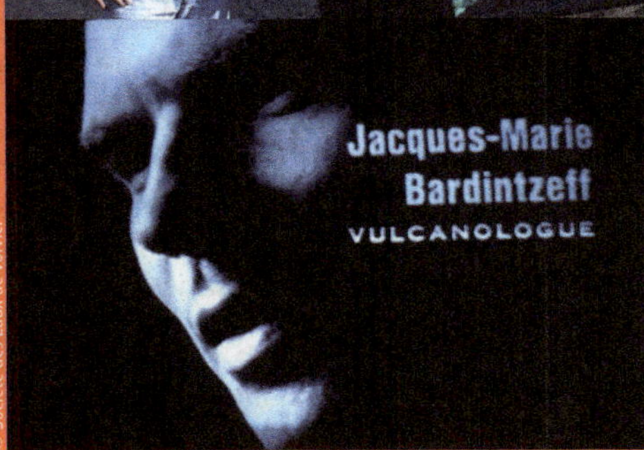

Jacques-Marie Bardintzeff intervenant lors d'un spot publicitaire télévisé pour l'eau minérale naturelle Volvic.

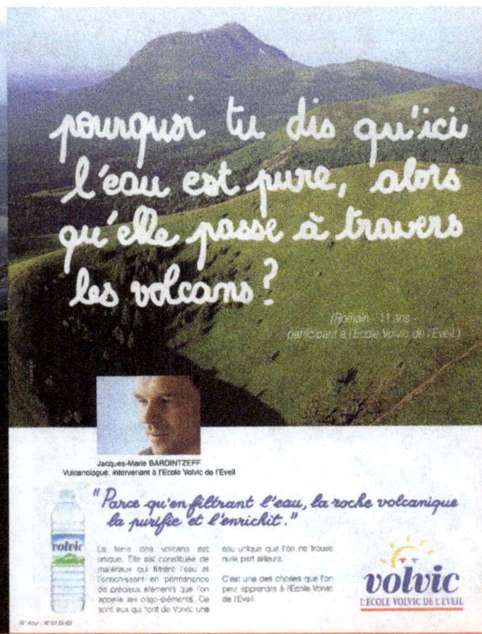

Campagne de presse Volvic : Paris-Match, Figaro Magazine, Marie-Claire, Télérama, L'Express…

Pendant cinq jours, en novembre 1995, j'ai été membre du jury du Festival international du film d'exploration « Jules Verne ». Le président en était Eric Tabarly, notre célèbre navigateur, dont j'avais suivi avec admiration, dans la presse, tous les périples. Egal à lui-même, avec son éternel sourire en coin, il restait modeste, parlait peu, mais assistait avec sérieux à toutes les séances de projection. Petit à petit, il s'est montré plus à l'aise dans le groupe, chaleureux. Il a accepté de me raconter quelques-unes de ses courses, dont sa fameuse transpacifique San Francisco - Tokyo, gagnée sur son *Pen Duick V* en 1969, avec... 10 jours d'avance.

Avec Eric Tabarly, lors du 4e Festival international du film d'exploration « Jules Verne » de Paris en novembre 1995. De gauche à droite : ma femme Isabelle, Yves Vallette, explorateur polaire membre du jury, Eric Tabarly, président du jury, et moi.

Lauréat du trophée du « A d'Or de l'Aventure », Les Angles, janvier 2006.

En janvier 2006, je suis invité, avec ma famille, à participer au 17e Festival de l'aventure, organisé par la station de ski des Angles dans les Pyrénées. L'atmosphère y est très conviviale, toute la journée, au cours des repas comme sur les pistes enneigées. Chaque soir, un des invités présente son aventure, devant une salle archi-comble. Le dernier soir, le jury me décerne le « A d'Or de l'Aventure ». Nous regagnons notre hôtel en famille, à pied dans la nuit, entre deux murs de neige : mon trophée pèse dans mon sac à dos et mon épouse tient un énorme bouquet de fleurs offert par le comité d'organisation.

J'ai eu aussi le grand plaisir d'être fait Citoyen d'honneur de quatre villes : Amiens, Oloron-Sainte-Marie, Passy et Aumale.

© Sélection Reader's Digest.

Tous pour la défense de la planète Terre, lors d'un petit déjeuner de presse, organisé par Sélection Reader's Digest, le 20 septembre 2007. De gauche à droite : Emmanuel Lecoq, alors PDG, Nathalie Kosciusko-Morizet, alors secrétaire d'État à l'Environnement, Yann Arthus-Bertrand, Éric Jouan, alors directeur des rédactions et Jacques-Marie Bardintzeff.

J'ai côtoyé des personnalités politiques et me suis mieux rendu compte de leur énorme travail, de leur emploi du temps démentiel. Lors d'un petit déjeuner de presse, organisé par Sélection Reader's Digest en septembre 2007, j'ai rencontré Madame Nathalie Kosciusko-Morizet, secrétaire d'État à l'environnement; j'ai été épaté par cette jeune femme dynamique, polytechnicienne, diplômée en biologie, mère de famille. Monsieur Christian Estrosi, secrétaire d'État à l'Outre-mer, m'a demandé d'animer une table ronde lors des Rencontres Environnement et Outre-mer en février 2008.

Madame Delphine Batho, Ministre de l'Écologie, du développement Durable et de l'Énergie, me demande de l'accompagner en Auvergne, le 11 janvier 2013, dans le cadre de la délégation pour le soutien de la candidature de la chaîne des Puys-faille de Limagne au patrimoine naturel mondial de l'UNESCO. Côte à côte dans l'avion, nous discutons du dossier. La course contre la montre a commencé. Nous sommes accueillis par le préfet et les autorités politiques. Une petite excursion, dans la neige, en direction du puy des Goules et du Sarcoui, suivie de discours officiels lors de la conférence de presse à Vulcania. Je prononce quelques phrases expliquant mon attachement à cette région et l'originalité du dossier. Déjà, il faut repartir: les gyrophares des voitures clignotent dans la nuit, précédés des motards. Dans l'avion du retour, la discussion avec la Ministre est plus conviviale: elle m'avoue sa passion pour les volcans car elle est auvergnate d'origine. J'apprécie sa simplicité et son bon sens. Elle me proposera ensuite pour la Légion d'honneur au Président de la république. La prestigieuse décoration m'est remise le 29 novembre par Madame Sylvie Retailleau, Doyenne (puis Présidente) de la Faculté des Sciences d'Orsay (plus tard Ministre de l'Enseignement supérieur et de la Recherche).

Je suis aussi membre de la délégation interministérielle conduite par Monsieur Manuel Valls, Premier Ministre et Madame Ségolène Royal, Ministre de l'Écologie, du Développement Durable et de l'Énergie, à la Mer de Glace, le 25 septembre 2015. Cette visite se fait en prélude de la COP21 : la 21e Conférence des parties de la Convention-cadre des Nations unies sur les changements climatiques, qui doit se tenir à Paris du 30 novembre au 11 décembre 2015. Il s'agit d'un rendez-vous crucial puisqu'un accord international doit y être signé pour s'efforcer de limiter l'augmentation de la température moyenne du globe (le « réchauffement climatique ») en deçà de 2 degrés entre 1880 et 2100.

Quel est l'avenir de la volcanologie ? Que reste-t-il à faire pour les suivants, les jeunes ? Rassurez-vous, beaucoup de choses. Les moyens d'investigations et d'enregistrements deviennent chaque jour plus performants. Cela va permettre une connaissance encore plus précise, tant du point de vue fondamental (que se passe-t-il en profondeur ? Dans la chambre magmatique ? Comment se déclenche l'éruption ?), que du point de vue appliqué (enregistrements de paramètres physico-chimiques, leurs relations éventuelles avec une reprise d'activité). La grande aventure du XXIe siècle, la découverte des volcans des autres planètes, a déjà commencé.

Revue de presse : *La Montagne* (Anne Bourges, 12/1/2013), *Le Dauphiné Libéré* (Jean-Paul Roudier, 24/5/1995).

Revue de presse : *BBI Culture(s)* (Christiane Degrain, 11/2015), *La Croix* (Évelyne Montigny, 25/11/2015), *Cyprus Mail* (Theo Panayides, 2/2/2014).

Rencontre

JACQUES-MARIE BARDINTZEFF

L'HOMME QUI PARLE AUX GÉANTS

Parents&enfants 15

LIEN DE FAMILLE

« Mon grand-père m'a transmis l'amour de la nature »

Ce volcanologue amoureux de la nature est passionné par les minéraux comme les végétaux.

Jacques-Marie Bardintzeff

04 PROFILE living

THEO PANAYIDES meets an academic and popular scientist spreading the gospel about volcanoes

Science and adventure

SUNDAY MAIL • February 2, 2014

Jacques-Marie Bardintzeff interviewé par Pauline Paccard, sur le plateau de France 24 TV, le 22/3/2021, à propos de l'éruption qui vient de débuter en Islande.

Jacques-Marie Bardintzeff répond à Christine Chapel, à propos de l'éruption de l'Etna, pour le journal télévisé de 20 h de TF1 du 6/4/2024.

Entretien avec Vivien Cosculluela, journaliste pour l'hebdomadaire slovaque « Plus 7 dní », à propos des volcans et des risques volcaniques. L'article est paru dans le magazine du 11 janvier 2024, pages 28-31, intitulé « Keď zem zúri », « Quand la terre se déchaîne » !

Un livre pour les enfants écrit par J.M. Bardintzeff :
Les volcans, « Mille et un docs », mercileslivres, Miscellane, 2024.

J.M. Bardintzeff, volcanologue, membre du jury de thèse de Aminatou Fagny Méfire, a revêtu la toge officielle de l'Université de Ngaoundéré au Cameroun et l'épitoge à rangs d'hermine, 27/11/2017.

Sylvain Chermette n'hésite pas à se « mouiller » dans une source thermale, pour interviewer Jacques-Marie Bardintzeff (région de Tsghuk, altitude 2830 m, massif volcanique de Syunik, Arménie). À l'arrière-plan, un de nos véhicules tout-terrains UAZ de l'époque soviétique (juillet 2018, © Henri Prieur).

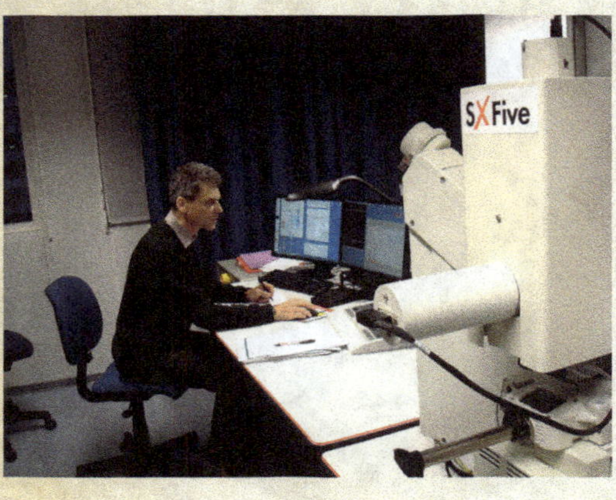

Jacques-Marie Bardintzeff analyse des minéraux avec la microsonde électronique SX Five, à Camparis, Université Paris-Sorbonne, 8/11/2013 (© P. Wotchoko).

Majestueuses « orgues basaltiques » dans les gorges de Garni, dans la zone volcanique de Gegham (ou Ghegam) Ridge en Arménie (juillet 2018).

Échantillonnage de la lave en fusion au Kilauea (en avril 2001) !

Pour en savoir plus

QUELQUES LIVRES RÉCENTS

POUR LES JEUNES

Bardintzeff J.M. - À la découverte des volcans d'Auvergne (illustrations Tomtom), 2e édition, La vache qui lit, 2017.

Bardintzeff J.M. - Les volcans, «Mille et un docs», mercileslivres, Miscellane, 2024.

Beaumont E., Boccador S et, Demaegd A. - La grande imagerie - Pompéi, Fleurus, 2019.

Duthoit L. et Audouin L. - Les volcans, Fleurus, 2023.

Lécuyer F. - Talpa et la chaîne des Puys (illustrations Tomtom), De Borée, 2017.

Pradal E. et Branciard L. - Volcans, Fleurus, 2021.

Vaucher F. - Un volcan par jour, BD, Antipodes, 2023.

POUR TOUS LES PUBLICS

Bardintzeff J.M. -Tout savoir sur les Volcans du monde, séismes et tsunamis, 2e édition, Orphie, 2015.

Carsten P. - Volcans. Expéditions sur les cratères les plus dangereux du monde, National Geographic, 2015.

Chéreau S., Decobecq D., Marcel P., Boyer J. et Chrétien S. - Chasseurs de volcans, les 111 plus beaux volcans du monde, 2e édition, Omniscience, 2017.

Cherroret G. - Volcans - Artiste de la Terre, Delachaux et Niestlé, 2018.

Decobecq D. et Grandpey C. - Histoires de Volcans - Chroniques d'éruptions, Omniscience, 2022.

Delano T. - Volcans, E/P/A, 2021.

Fornier A. - Volcanique, Bold, 2021.

Gaudru H. - La Ceinture de feu. Volcans actifs autour du Pacifique, Vuibert, 2016.

Gaudru H. et Chazot G. - La belle histoire des volcans, De Boeck Supérieur, 2018.

Guérin A. - Les volcans et les hommes, Glénat - Arte, 2019.

Guérin A. - Le grand atlas des volcans - Les feux de la Terre, Glénat, 2022.

Le Blay F. - La fascination du volcan, les mythes de la science, Vrin, 2023.

Leduc L. - Les secrets de la Fournaise, La Cité du Volcan, 2024.

Mamelle F. - Volcans, National Geographic, 2018.

Marcel P. - La fièvre des volcans, Transboréal, 2018.

Picouly D. - Quatre-vingt-dix secondes, Albin Michel, 2018.

OUVRAGES SCIENTIFIQUES

Bardintzeff J.M. - Volcanologie, 6e édition, Dunod, 2021.

Bourdier J.L. - Géologie du volcanisme, Dunod, 2021.

Chazot G., Lénat J.F., Maury R., Agranier A. et Roche O. - Volcanologie, De Boeck Supérieur, 2017.

Detay M. - Traité de volcanologie physique, Lavoisier, 2017.

Grappin C. et Humler E. (coord.) - Quand la Terre tremble. Séismes, éruptions volcaniques et glissements de terrain en France, CNRS, 2019.

REVUE

Kipuka, revue trimestrielle, depuis avril 2023, fondée par Prival J.M.

ASSOCIATIONS

LAVE, L'Association Volcanologique Européenne, 7 rue de la Guadeloupe, 75018 Paris.

http://www.lave-volcans.com

SVE, Société Volcanologique Européenne, CP 1, 1211 Genève 17, Suisse.

http://www.sveurop.org

SVG, Société de Volcanologie de Genève, Chemin de L'Étang 11, 1219 Châtelaine, Genève, Suisse.

http://www.volcan.ch

Volcano Active Foundation, Pl. de Francesc Macià, 7, pl 17, Distrito de Les Corts, 08029 Barcelone, Espagne.

https://volcanofoundation.org/fr/

MUSÉES ET PARCS DE DÉCOUVERTES

Centre de Découverte des sciences de la Terre (CDST), Habitation Périnelle, Quartier la Galère, 97250 Saint-Pierre, Martinique, 05 96 52 82 42

http://cdst.e-monsite.com/

Cité du Volcan, RN 3, Bourg Murat, 97418 Plaine des Cafres, La Réunion, 02 62 59 00 26

https://museesreunion.fr/la-cite-du-volcan/

Maison des Volcans, rue Château Saint-Étienne, 15000 Aurillac, 04 71 48 07 00

http://www.auvergne-centrefrance.com/geotouring/musees/cantal/musee-volcans.html

Maison d'Ossau, Rue de l'Église, 64260 Arudy, 05 59 05 61 71

https://www.tourisme64.com/activites/arudy/PCUAQU064FS0005K-maison-dossau-musee-darudy/

Maison Régionale des Volcans, Immeuble Magalon, 97260 Le Morne-Rouge, Martinique, 05 96 52 45 45

https://martiniqueannu.com/musee-culture-martinique/la-maison-regionale-des-volcans

Parc naturel régional des Volcans d'Auvergne, château de Montlosier, 63970 Aydat, 04 73 65 64 00 ou 64 26

http://www.parcdesvolcans.fr/

Volcan de Lemptégy, 31 route des Puys, 63230 Saint-Ours-les-Roches, 04 73 62 23 25

http://www.auvergne-volcan.com

Vulcania, Centre Européen du Volcanisme, 2 Route de Mazayes, 63230 Saint-Ours-les-Roches, 04 73 19 70 00

http://www.vulcania.com

AGENCES DE VOYAGE SPÉCIALISÉES

Voyages sur des volcans :

J.M. Bardintzeff encadre des groupes de découverte volcanologique avec :

80 Jours Voyages, 15 rue Ferrachat, 69005 Lyon, 04 78 92 82 36

http://www.80joursvoyages.com

Atlace, 20 rue de la Fraternité, 94320 Thiais, 01 46 81 16 30

http://www.atlace.com

Autres agences

Autentika, 239 route de Montaiguët, 42310 Sail-les-Bains, 04 26 24 22 20

https://www.autentika.fr/

VolcanoDiscovery

https://www.volcanodiscovery.com/fr/info/nous.html

QUELQUES SITES INTERNET

EN FRANÇAIS :

http://www.ipgp.jussieu.fr (Institut de Physique du Globe de Paris)

voir les pages web de l'auteur en page 2 du livre

EN ITALIEN :

http://www.ct.ingv.it (Istituto nazionale di Geofisica e Vulcanologia, Catane)

avec des images (webcam) des volcans italiens en direct

EN ANGLAIS :

https://volcano.si.edu/ (Global Volcanism Program, Smithsonian Institution, Washington)

http://www.geo.mtu.edu/volcanoes/ (Michigan Technological University)

http://hvo.wr.usgs.gov (U. S. Geological Survey, volcans d'Hawaii)

https://en.vedur.is/earthquakes-and-volcanism/earthquakes/ (Islandic Met Office, Islande)

Une fissure éruptive s'est ouverte à Holuhraun en Islande et libère des fontaines et une coulée de lave (septembre 2014).

Un volcan de boue miniature (2 m de haut, l'auteur du livre donne l'échelle) à Pâclele Mari en Roumanie.

Glossaire

bloc ou bombe : fragment solide émis par un volcan, de forme anguleuse (bloc) ou arrondie (bombe) et d'une taille supérieure à 6,4 cm mais atteignant parfois plusieurs mètres.

brèche : roche hétérogène, constituée d'éléments anguleux grossiers, soudés entre eux par une sorte de ciment constitué d'éléments fins.

caldeira : grand cratère, d'un diamètre supérieur à 2 km (parfois plus de 10 km), résultant essentiellement d'un effondrement de la partie centrale de l'édifice volcanique. Ce terme signifie « chaudron » en portugais.

cendre : particule très fine émise par un volcan, d'une taille inférieure à 2 mm.

chambre magmatique : réservoir de magma, d'un volume de plusieurs dizaines de km^3, situé à plusieurs dizaines de kilomètres de profondeur.

cratère : orifice sommital (ou latéral) du volcan, voie de sortie principale des gaz et du magma.

fumerolle : gaz volcanique s'échappant d'un orifice ou d'une fissure.

géochimie : chimie appliquée aux sciences de la Terre.

géophysique : physique appliquée aux sciences de la Terre.

lahar : terme indonésien signifiant « coulée boueuse », résultant d'un mélange de matériaux d'origine volcanique et d'eau en grande quantité (pluie, fonte de neige ou de glace, lac de cratère).

lapilli : mot italien signifiant « petites pierres » ; fragment d'origine volcanique d'une taille intermédiaire entre celle des cendres (2 mm) et des bombes et blocs (6,4 cm).

lave : liquide magmatique partiellement dégazée, à une température de 900 - 1200 degrés, qui s'épanche en coulée ou, plus exceptionnellement, forme un lac dans le cratère. Les laves visqueuses constituent un dôme.

magma : liquide issu de la fusion en profondeur (plusieurs dizaines à une centaine de kilomètres) du manteau (rarement de la croûte) terrestre.

nuée ardente : émission brutale et dirigée d'un nuage de gaz brûlant contenant des blocs en suspension.

obsidienne : lave complètement vitreuse, de couleur noire.

pétrographie (ou **pétrologie**) : étude des roches et des minéraux les constituant.

phréatomagmatisme (ou **hydrovolcanisme**) : phénomène volcanique très explosif, résultant du contact du magma et de l'eau, qui, en se transformant en vapeur, crée de très importantes pressions.

ponce : roche volcanique, contenant de nombreuses vacuoles de petites tailles, provenant de la solidification d'un magma très riche en gaz. Les ponces sont donc très légères et certaines flottent sur l'eau.

scorie : fragment de roche d'origine volcanique, bulleuse (aspect d'un nid d'abeilles) car provenant de la solidification d'un magma assez riche en gaz.

téphra : ensemble des matériaux d'origine volcanique à l'exception des laves. Ce terme très général, signifiant « cendres » en grec, englobe les cendres, lapilli, bombes, blocs, scories, ponces, etc.

tsunami : terme japonais signifiant « grandes vagues dans le port » ; vagues de grande ampleur qui déferlent sur une côte (raz de marée), d'origine tellurique (séisme, volcan, glissement de terrain).

volcan : point de sortie de magma à la surface du globe. L'accumulation de matériaux (laves, téphras) constitue une montagne de plus en plus importante.

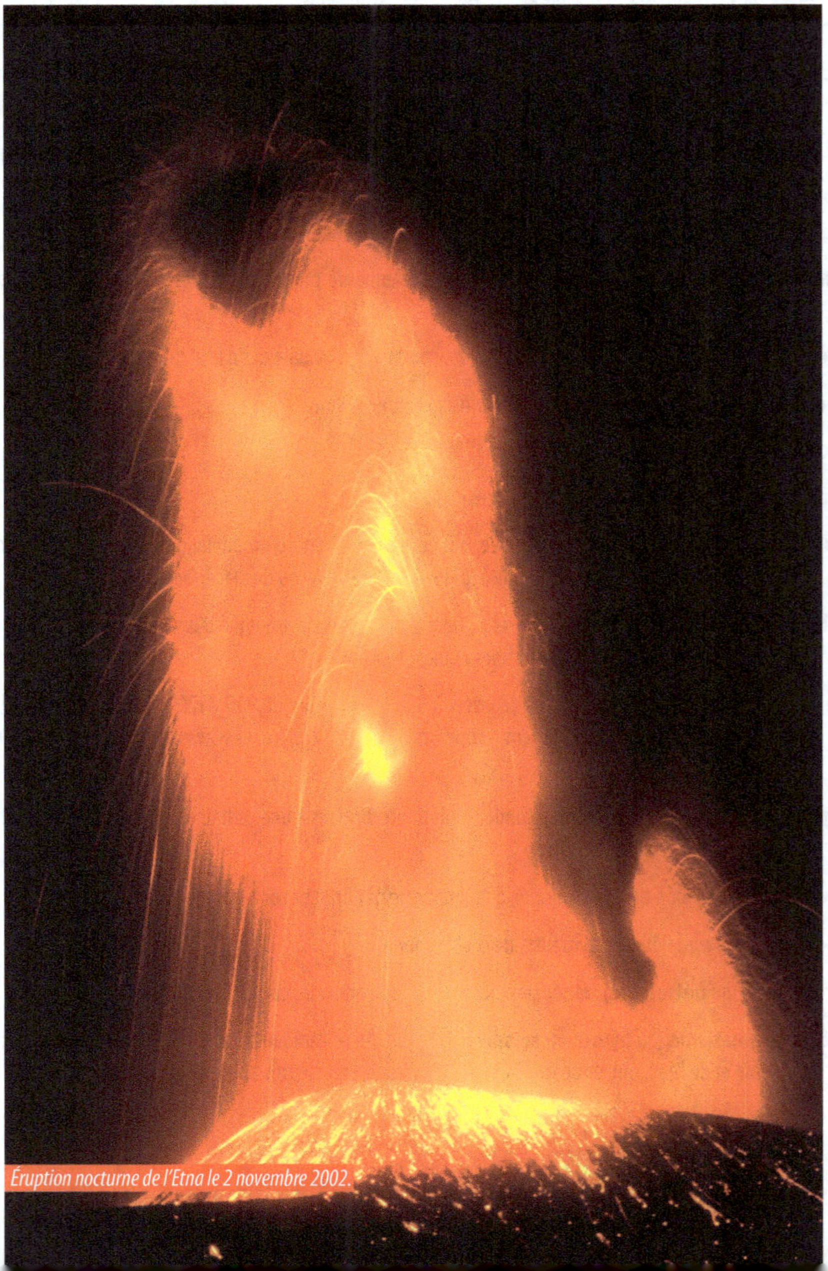

Éruption nocturne de l'Etna le 2 novembre 2002.

Crédits photographiques

Les photos de ce livre sont de Jacques-Marie BARDINTZEFF,

À L'EXCEPTION DE

© Henri Rey, pp. 10, 24. © J.-M. Bardintzeff / Denis Rey, p. 11. © D. R., anonyme (droit réservé), pp. 18, 28, 85.
© J.-M. Bardintzeff / Jean-Michel Mériaux, p. 24. © Armelle Chanzy, pp. 25, 36. © Arthaud, p. 26.
© Isabelle Bardintzeff, pp. 33, 162. © J.-M. Bardintzeff / Jacqueline Weisz, p. 39. © Dessin Laurent Daumas, p. 70.
© Eli Arditti, p. 73. © Célestine Jehanno / J.-M. Bardintzeff, p. 77. © J.-M. Bardintzeff / Yotzo Yanev, p. 104.
© Aquarelles : Isabelle Bardintzeff, pp. 118, 122.
© J.-M. Bardintzeff / Patrice de Saint-Ours, pp. 125, 126. © NASA / Aryan Cipa, p. 130.
© J.-M. Bardintzeff, *avec l'aimable autorisation de* « Ushuaïa Nature », pp. 132, 164.
© J.-M. Bardintzeff / Thierry Robinet, p. 132. © J.-M. Bardintzeff / Jacky Faure, p. 134.
© J.-M. Bardintzeff / Sylvain Chermette, pp. 150, 178 © Hervé Sthioul, p. 150
© CSI / M. Lamoureux, p. 160. © Jean-Paul Vomorin, p. 165.
© Société des Eaux de Volvic, p. 167. © Sélection Reader's Digest, p. 169. © La Montagne, p. 170
© Le Dauphiné Libéré, p. 170 © BBI, Boulogne-Billancourt Information, p. 171 © La Croix, p. 171
© Cyprus Mail, p. 171 © France 24 - 2021 - tournage Pauline Paccard 22.03.2021, p. 172
© TF1 2024 - tournage Christine Chapel pour 20h du 06.04.2024, p. 172 © Plus 7 dni, p. 172
© Henri Prieur, p. 173 © Pierre Wotchoko, p. 173

À Hawaii, la lave du Kilauea s'écoule dans l'océan Pacifique (juillet 2013).

www.ingramcontent.com/pod-product-compliance
Lightning Source LLC
LaVergne TN
LVHW080936071026
849535LV00013B/4225